Lüse Weilai Congshu

本丛书编委会 顾爽 代滢 孙忠杰◎编著

绿色未来丛书

绿色档案：

当代中国著名的民间环保组织

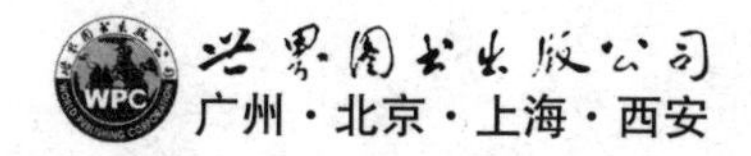

图书在版编目（CIP）数据

绿色档案：当代中国著名的民间环保组织 /《绿色未来丛书》编委会编著 . —广州：广东世界图书出版公司，2009. 12 （2024.2 重印）
（绿色未来丛书）
ISBN 978－7－5100－1472－7

Ⅰ. ①绿… Ⅱ. ①绿… Ⅲ. ①环境保护机构－简介－中国 Ⅳ. ①X32－232

中国版本图书馆 CIP 数据核字（2009）第 216966 号

书　　名　绿色档案：当代中国著名的民间环保组织
　　　　　LÜ SE DANG AN DANG DAI ZHONG GUO ZHU MING DE MIN JIAN HUAN BAO ZU ZH
编　　者　《绿色未来丛书》编委会
责任编辑　吴怡颖
装帧设计　三棵树设计工作组
出版发行　世界图书出版有限公司　世界图书出版广东有限公司
地　　址　广州市海珠区新港西路大江冲 25 号
邮　　编　510300
电　　话　020-84452179
网　　址　http://www.gdst.com.cn
邮　　箱　wpc_gdst@163.com
经　　销　新华书店
印　　刷　唐山富达印务有限公司
开　　本　787mm×1092mm　1/16
印　　张　13
字　　数　160 千字
版　　次　2009 年 12 月第 1 版　2024 年 2 月第 8 次印刷
国际书号　ISBN　978-7-5100-1472-7
定　　价　49.80 元

光辉书房新知文库
“绿色未来”丛书(第Ⅰ辑)编委会

“光辉书房新知文库”

总策划/总主编:石　恢

副总主编:王利群　方　圆

本书作者

顾　爽　代　滢　孙忠杰

序：蓝色星球　绿色未来

从距离地球45000公里的太空上回望，我们会发现，地球不过是一个蓝色小球，就像小孩玩要的玻璃弹珠。但就是这么一个“蓝色弹珠”，却养育了无数美丽的生命，承载着各种各样神奇的事物。人类从这个小小的星球中诞生，并慢慢成长，从茹毛饮血、刀耕火种的时代一步步走来，到今天社会文明、人丁旺盛、科技发达，都有赖于这个小小星球的呵护与仁慈的奉献。

当人类逐渐强大，有能力启动宇宙飞船进入太空，他却没有别的地方可去，因为到目前为止，人类只有一个地球，只有一个家园。

地球上有两种重要的色彩，一个是蓝色，一个是绿色，蓝色是海洋，绿色覆盖大地，在太空看地球是蓝色，生活中却是绿色环绕，这两种色彩覆盖着地球的大部分表面；原始生命从海洋中孕育，在森林中成长，经过漫长的进化造就人类，有了水和植物，再通过光合作用，提供生命活动所不可缺少的能源，万物因此获得生机，地球因此成为人类的家园。但是，人类在和以绿色植物为主体的自然界和谐相处数百万年后，危机出现了，由于人类活动的加剧，地球上的绿色正在快速地消失。

在欲望和利益的驱使下，在看似精明、实则愚蠢的行为下，令人忧心的事情一再发生。森林被砍伐；河流变黑变臭；城市总是灰蒙蒙、空气中弥漫着悬浮颗粒物和二氧化硫；耕地一年比一年减少、钢筋混凝土建筑一年比一年增多；山头或寸草不生、农田或颗粒无收；臭氧层空洞、冰川融化、酸雨浸蚀；野生动物灭绝的消息不断传来、食品安全事件层出不穷……绿色的消失既是事实，也是象征，病变、震撼、全球污染、地球生病了，地球在哭泣。

近年来，无数的数据和现象都在逼近一个问题，人类贪婪无度，地球不堪重负，人类已经走到一个紧要关头，生存还是毁灭？

如果我们再次来到太空回望地球，你能想象它失去蓝色的样子吗？一个没有水的星球，可能是火星、木星、土星，但绝不是地球。同样，人类能失去绿色吗？失去绿色的星球，将不再是人类的家园。

从现在开始，我们可以改变以往的观念，而接纳新的绿色思维——人不能主宰地球，而是属于地球；我们应更多地学习环保先锋、追随环保组织，参与绿色行动；我们不仅关注国家社会，还关注身边的阳光、空气和水，关注明天是否依然；在日常生活中，从我做起，知道与做到节约型社会的良好生活习惯。也许你认为自己所做的一切微不足道，但每个人的努力都是宝贵的，留住一片绿色，地球就多一片生机；增添一份绿色，人类就增添一份希望。

如果有机会来到太空，眺望这个美丽的蓝色星球，你会有怎样的愿望？

许它一个绿色的未来！

潘岳

中华人民共和国环保部副部长

目 录

contents

引　言

在这个“地球村”中，人类本应与大自然平等相处。可是由于人类对大自然的不断索取和占有，大自然终于向我们发起了“进攻”。特别让人印象深刻的是1998年，我国境内发生的特大洪涝灾害，时间持续3个多月，涉及20多个省市，死亡3000多人，倒塌房屋4970间，直接经济损失1600多亿元。在经历了这场灾难之后，人们才知道了要退耕还林、退耕还湖，要植树造林，防治水土流失。然而，这是以巨大的代价换回的清醒。近几年来，北方地区沙尘暴天气越来越频繁，持续时间少则三五天，多则一个星期以上，严重影响人们的正常生活和工作。很明显，沙尘暴现象与森林破坏、草原退化、土地荒漠化有直接的因果关系。

环保教育家郭耕说“动物是无言的，自然是无声的，它不会直接反抗我们，但这种反抗会慢慢体现在我们生活的每个角落。比如：我们砍伐森林，换来的结果是水土流失，泥石流，这种天灾就是因为人祸；自然界的鸟都抓到笼子里或者被我们吃掉了，鸟少了，虫子就多了，我们用杀虫剂，用农药喷在农作物上，最后几乎50%的农药残留物就都循环在我们的消化道中。这都是大自然对我们的控诉和反抗！”

可是，近年来出现的这些问题，并没有引起人们的足够重

视，有的人照常滥砍滥伐、过度放牧、围湖造田、非法排污……

为了唤起公众的觉醒，从上世纪90年代开始，我国涌现了一批民间环保组织。他们通过组织公益活动、出版书籍、发放宣传品、举办讲座、组织培训、媒体报道等方式，进行环境宣传教育；他们把宣传环境教育作为生命中最重要的事业；他们从弘扬绿色理念，到倡导绿色事业，再到影响公共政策，感召了无数的人加入到了环保队伍中来；他们推动了我国的绿色事业不断向前，他们见证了我国的民间环保史。

本书主要记载了中国著名的民间环保组织的发展历程和他们可歌可泣的故事。

自然之友

自然之友，全称为“中国色文化书院·绿文化分院”，是非赢利民间环保团体，是我国最早在民政部门注册的民间环保组织之一，成立于1994年3月31日。创始人是梁从诫、杨东平、梁晓燕和王力雄。

自然之友标志

该组织成立后，以开展群众性环境教育、倡导绿色文明、建立和传播具有中国特色的绿色文化、促进中国的环保事业为宗旨，在国内有着良好的公信力和影响力，为我国环境保护事业和公民社会的发展做出了重大贡献，并已成为我国民间标志性环保组织之一。现有会员一万多人，由会员发起创办的NGO也已有十多家。

保护滇金丝猴

1995年，任职于云南省林业厅的环保志愿者奚志农听到了一

个令他震惊的消息：德钦县为解决财政困难，决定在白马雪山自然保护区南侧，砍伐100平方公里的原始森林。在奚志农看来，这片世界罕见的高海拔针叶林的毁坏，不仅对滇金丝猴，而且对生长在这里的许多珍稀动植物种类都是灭顶之灾。为了挽救这片森林和滇金丝猴，奚志农找到著名环保作家唐锡阳，与唐锡阳一起致信当时的国务委员宋健，唐锡阳又联系了“自然之友”会长梁从诫。梁从诫闻讯后，马上发动“自然之友”新闻界的会员，在报纸上迅速报道传播滇金丝猴生存环境面临威胁的事实；后来，梁从诫得知唐锡阳要带一批大学生亲自去云南考察，马上代表“自然之友”捐助了5000元。“自然之友”和社会各界的努力终于引起了中央有关领导人的重视，才制止了云南德钦县对天然原始森林的砍伐。

知识链接

德钦县位于云南省迪庆藏族自治州西北部。地处青藏高原的南延部分，横断山脉中段，“三江（怒江、澜沧江，金沙江）并流”腹地。雪山突傲，大江蜿蜒，林海苍茫，峡谷深邃，丰富多彩的民族文化更显示出独特诱人的魅力。德钦特殊的地理环境形成了独具特色的旅游资源，在全县7596平方公里的土地上，以雪山、冰川、峡谷、草甸、湖泊和多样性生物构成绮丽的自然景观，以神秘奇异的宗教文化，色彩斑斓的民族服饰，优美和谐的音乐舞蹈，独特的饮食风味等，绘成了一幅幅异彩纷呈的藏民族风情画。是云南省旅游资源最丰富的地区之一。

白马雪山自然保护区就位于德钦县境内。巍峨的云岭属横断山脉，群峰连绵，白雪皑皑，远眺终年积雪的主峰，犹如一匹奔驰的白马，因而得名“白马雪山”，白马雪山自然保护区面积 190144 公顷，1983 年经云南省人民政府批准建立，1988 年晋升为国家级自然保护区，主要保护对象为高山针叶林、山地植被垂直带、滇金丝猴、云豹、小熊猫等 30 多种野生动物。因此，白马雪山有“寒温带高山动植物王国”之称。这里环境幽静，人迹罕至，生物种类也较多，常见的兽类有 47 种，鸟类 45 种，是我国特有的滇金丝猴栖息繁衍的理想之地。

1998 年，梁从诚得知云南的天然林砍伐行为并没有真正地终止。他便再次请“自然之友”在媒体工作的会员，迅速将这一情况通报中央电视台。电视台记者很快赶到滇西北进行现场采访，并在《焦点访谈》节目中，将此事向社会曝光。强有力的舆论监督力量，迫使当地政府部门迅速采取措施，禁止了对原始天然林的砍伐行为。滇金丝猴最后的栖息地终于保存下来了。

滇金丝猴

保护藏羚羊

有“高原精灵”之称的藏羚羊是青藏高原的特有属种，早在

1979 年就被列入《国际野生濒危动植物贸易公约》的严禁贸易物种名录。藏羚羊也是一种优势动物，只要你看到它们成群结队在雪后初霁的地平线上涌出，精灵一般的身材，优美得飞翔一样的跑姿，你就会相信，它能够在这片土地上生存数千万年，是因为它就是属于这里的。

从 80 年代中期开始，“沙图什”披肩风靡欧美市场，一条披肩可以卖到 1 万至 4 万美元。因此，“沙图什”就成为欧美等地贵妇、小姐显示身份、追求时尚的标志。而“沙图什”是直接由藏羚羊绒加工而成，一只藏羚羊产绒仅 100 至 150 克，织一条女式披肩，需要 3 只藏羚羊的生命。而织一条男式披肩，则要杀死 5 只藏羚羊。由于对“沙图什”的消费直接导致了藏羚羊种群的迅速减少，虽然商人们说织披肩的羊绒是换季时自然脱落，牧民们一点一点捡来的，但是，动物学家发现，要获得藏羚羊绒，惟一的办法就是猎杀。因此，这种非法贸易直接导致藏羚羊数量从 1990 年的 100 万只，下降到 1995 年的 7.5 万只。

藏羚羊 1

知识链接

“沙图什”通常是指所有由藏羚羊绒加工的产品，但主要是指用藏羚羊绒毛织成的披肩。“沙图什”发音 shahtoosh，

它的发音来自于波斯语，“shah”意为皇帝，“toosh”则是羊绒，“shahtoosh”意为“羊绒之王”。藏羚羊的羊绒非常细，其直径约为11.5微米，是克什米尔山羊羊绒的四分之三，是人发的五分之一。沙图什披肩十分轻巧，重量仅有百克左右，可以穿过戒指，所以又叫“指环披肩”。将沙图什穿过戒指是沙图什贩卖者证实沙图什真伪的一个传统。

为了保护藏羚羊，自1995年开始，“自然之友”便多次支持和组织会员到可可西里进行考察和参加建设保护站活动，逐步对可可西里野生动物保护工作的现状和问题有所认识并日益关切。

沙图什披肩

1998年春，“自然之友”会员史立红根据国内外资料编写了一份关于藏羚羊生存情况的报告。同时，曾到可可西里采访和考察的环保人士奚志农、王卜平等为“自然之友”提供了大量的照片、录像带和其他一手信息。1998年9月，根据一些会员的建议，“自然之友”和《中国林业报·绿色周末》联名邀请到了“野耗牛队”队长扎巴多杰到北京介绍可可西里的情况和他们的反盗猎斗争，并安排扎巴多杰与媒体见面，同时在北京大学、北京林业大学等高校作了多场报告，藏羚羊所面临的困境引起了社会强烈反响。

知识链接

当时位于可可西里边缘的青海省治多县成立了西部工作委员会，常年战斗在反偷猎藏羚羊的第一线，在海拔5000米以上的生命禁区出生入死，功勋赫赫。西部工作委员会第一任书记索南达杰就是在与盗猎分子的枪战中牺牲的。在索南达杰牺牲后，扎巴多杰接替了索南达杰的位置。提出反偷猎要靠武装力量，1995年10月7日，中国第一支武装反偷猎队——野牦牛队组建成立。

1998年10月，“自然之友”会长梁从诫给正在访华的英国首相布莱尔写了一封关于要求英国制止其国内非法藏羚羊绒贸易的公开信。布莱尔见信后，立即给梁从诫回信表示理解和支持。并且布莱尔在回国后便指示英国环保部配合中国禁止藏羚羊绒贸易。同时，梁从诫写给布莱尔的公开信，由多家中国报刊和外国媒体都作了报道。中国保护藏羚羊行动引起了国际反响，外国报纸开始配合中国各非政府环保组织，并向“自然之友”提供国外

藏羚羊2

藏羚羊绒贸易信息。1998 年 12 月，国家林业局公布了《中国藏羚羊保护现状》白皮书，成为对外宣传中具有权威性的依据。

1998 年 11 月，“野耗牛队”队长扎巴多杰去世后，反盗猎的形势骤然严峻起来。“野耗牛队”队员前后进山巡逻 11 次，但因巡逻队人手少、装备简陋、经费不足，盗猎活动仍然十分猖獗。“自然之友”的人们最担心的是扎巴多杰的去世会导致野牦牛队解散，其结果就是藏羚羊会完全落到盗猎分子手中。1998 年 12 月下旬，“自然之友”和国际爱护动物基金会（IFAW）驻京办事处为治多县西部工委募集到 40 余万元，帮助野耗牛队摆脱困境。

知识链接

国际爱护动物基金会（IFAW）创立于 1969 年，是全球最大的动物福利组织之一。该组织的宗旨是在全球范围内通过减少对动物的商业剥削和野生动物贸易，保护动物栖息地以及救助陷于危机和苦难中的动物，并积极推行人与动物和谐共处的动物福利和保护政策。

1999 年，新疆环保志愿者告诉“自然之友”，在新疆阿尔金山保护区一带藏羚羊被猎杀的情况仍然非常严重。盗猎分子主要来自青海海东、黄南地区。该保护区面临着和可可西里类似的困难，但由于藏羚羊主要分布在青海、西藏、新疆三省区交界的无人区，公安人员不能越界执法，影响了对盗猎活动的打击力度。梁从诫得知新疆的盗猎活动猖獗后，便于 1999 年 2 月，向国家环保总局和国家林业局提交了《关于保护藏羚羊问题的报告和建

议》。建议由中央主管部门对藏羚羊保护工作实行统一领导并建立青海、西藏、新疆3省区联防制度。国家林业局参考了梁从诫的建议，1999年4月10日，反盗猎藏羚羊“可可西里一号行动”大规模展开。到1999年4月底，抓捕盗猎分子13批，缴获藏羚羊皮数百张。

为了向公众宣传反盗猎的战果，“野牦牛队”决定公开销毁缴获的藏羚羊皮，并邀请“自然之友”和国际爱护动物基金会代表到可可西里点这把火。

1999年5月24日，“自然之友”会员和国际爱护动物基金会代表登上可可西里海拔4600米的昆仑山口，在索南达杰自然保护站门前烧毁了从盗猎分子手中缴获的373张藏羚羊皮。

“羚羊车”项目

“羚羊车”是一辆流动环境教学车，也是一个环境教育项目。2000年，“自然之友”从德国引进了流动环境教学模式，运行了中国第一辆环境教育教学车——羚羊车。

“羚羊车”项目在多年的环境教育工作中，发现环境的问题涉及社会、经济、发展等多方面，在研究与保护的过程中，他们认识到，不能不考虑当地人的生计问题去单纯地“保护”，因为他们面临着更大的问题——“生存与发展”、“保护与和谐”、“利益与持续”。因此，“羚羊车”项目根据自身发展需要，以及经验的总结，逐渐从单纯的环境教育转向发展教育，并将项目定名为“羚羊车环境与可持续发展教育项目”（简称“羚羊

车”）。多年来，“羚羊车”项目以这辆流动环境教学车为载体，在实践中不断探索新的教育理念与模式，在北京做了大量环境及发展教育工作。累计访问全国各地 400 多所小学，约 50 000 多名师生受益。

2009 年，“羚羊车”新开设了“羚羊影院”的活动，活动主要是围绕“环保影片进校园”展开的，他们每到一所学校，都会为学生播放环保影片，介绍影片背景知识，开展互动问答，用电影等艺术形式提高中小学生保护环境的意识。2009 年，“羚羊影院”的第一站在北京密云大城子中心小学举行。50 多名学生在老师的指导下观看了影片，他们在观看电影的同时，对环境问题进行了思考。

“羚羊影院”第一站

白河考察活动

为了让更多的人认识到北京的水资源现状，提高公众的环境意识和节约用水意识，同时为志愿者提供参与环境活动的机会，“自然之友”于2004年8月14日组织了白河考察活动。

知识链接

白河位于河北省与北京市的北部，发源于河北省沽源县，经河北赤城县、延庆、怀柔最终注入密云水库。密云水库是北京主要的供水水源，约占全市年地表供水量的73.3%。

此次活动的考察重点是北京段的白河，100公里左右，主要以徒步的形式沿白河进行全面的考察，每天行程20公里左右。河北段的白河，主要以考察赤城地区，云州水库地区，白河源头为重点。考察活动共有24名志愿者参加，多家媒体对白河考察进行了报道。“自然之友”还编辑出版了《白河行文集》，在新东安市场、西单图书大厦及多所高校举办了白河考察影展，使活动取得广泛的社会效果。

志愿者在白河源考察

考察队顺利到达白河源头

“骑行北京”活动

在北京，汽车尾气排放的污染物占大气污染物的1/3以上。为了改善空气质量，“自然之友”从2005年就发起了“骑行北京”的活动。并在2006年2月向国家提交了《关于实施并完善北京市自行车交通规划的建议书》。并陆续通过发布“骑行绿地图信息标注平台”评选低碳出行人物等形式，以引起市民对骑行环境及骑行文化的关注。

“骑行北京”的活动主要包括以下三个内容：

政策建议——进行关于自行车交通的各种信息收集和研究工作。

出行调查——发布线上交通调查问卷，以了解北京市民交通使用习惯，收集第一手资料。

骑行宣传——由志愿者组成的宣传小组在市内繁华街道进行骑行倡导活动。参加的人员是来自社会各界的志愿者。

“骑行北京”通过以上一系列的宣传活动，鼓励公众在市内更多地使用自行车。同时也倡导一种环保、健康、便捷的骑行文化。

号召“夏至关灯”

2007年6月22日，伴随着北京、上海、广州、重庆等地的天气高温，导致了这几个城市用电量急剧加大，城市能源问题再次受到关注。“自然之友”在这一天在北京首次举办了“夏至关灯”活动，提倡人们在炎热的夏季关掉所有的电器，享受爱心烛光晚餐，静下心里来暗夜冥想，走到户外去感受夜的魅力。

知识链接

“夏至”是二十四节气中的第十个节气，是一年中白天最长的一天。民谚有“不过夏至不热”的说法，即夏至前后，我国许多地方都进入了闷热夏季，气温一般都在30度以上，最高气温常常突破37度。如果在夏至这一天关掉电源，不仅可以节约用电量，而且可以减少电灯的照射产生的热量。

“自然讲堂”项目

2007年，“自然之友”设立了“自然讲堂”项目。该项目在正确传播自然科学知识基础上，提供给公众轻松交流的环境，让学者与公众的互动中，让人们更加了解环境议题的内涵，知道如

何在生活中做到保护环境，生活得更健康，更自然。

自然讲堂

自“自然讲堂”项目设立以来，分别在学校、社区、企业，开展过一系列的讲座活动。通过这一活动，“自然之友”真正发挥了民间环保组织的作用。提供给公众更多交流、学习的场所和机会，营造了公众参与环境保护的社会氛围和舆论环境，更广的传播了环保理念，增强了公众的参与意识。

至今，“自然讲堂”已开展了 17 期公众讲座和 6 期的环保分享活动，共有 1000 多人参与，包括学生、企业员工和社区居民。

绿　色　营

绿色营，全称“大学生绿色营”，是我国最早的民间环保组织之一，成立于1996年，发起人是环保作家唐锡阳和美籍妻子Marcia B. Marks（马霞）。

大学生绿色营标志

如今，“绿色营”经过十多年的发展和探索，已经确立了以自然教育为重点的发展方向，搭建了一个“参与、分享、成长”的开放式学习型平台，鼓励青年人到大自然的怀抱中，学习观察自然、记录自然的方法，体验各种生态游戏，学习与自然互动，提高当代青年认识自然、观察自然的能力。“绿色营”培养了一批又一批致力于中国环境事业的年轻人，有很多人现在正在绿色和平、国际野生动物保护基金会等环保机构任职。因此，“绿色营”被誉为中国“绿色人才的西点军校”。

保护滇金丝猴

1995年11月25日，唐锡阳收到一封读者来信，读者在信中说他的一位朋友叫奚志农，正在云南林业厅工作，据奚志农可靠消息透露，滇西北的德钦县为了解决财政上的困难，决定在白马雪山自然保护区的南侧，砍伐100平方公里的原始森林，而林中还生活着200多只滇金丝猴。奚志农往四处奔走，希望能制止这场破坏。地方政府说："我们工资都发不出了。谁要制止，谁给钱。"上面感到棘手，只好听之任之。专修的公路已逼近林区，开春就要动手商业性采伐了。

这个消息震动了唐锡阳，因为他曾在欧洲走了十来个国家，连一平方公里的原始森林都没见过，而德钦县一开口就要砍伐100平方公里，而且这里是世界罕见的低纬度高海拔的暗针叶林。珍稀动、植物的种类非常丰富，滇金丝猴更有其特殊的珍稀价值。

唐锡阳坐不住了，立即按照读者提供的奚志农电话拨了过去。奚志农完全没料想会接到唐锡阳的电话，十分激动地说："唐老师，我从十多年前开始，就读您的文章和书……"唐锡阳打断了他的话："别的以后再说，德钦县的问题看来云南解决不了，我建议你给宋健同志写信。"

知识链接

宋健当时是国务委员、环境保护委员会主任。

奚志农听了唐锡阳的建议后，连连说："太好了，太好了，唐老师，我写不好，您能帮我修改吗?"，唐锡阳很痛快就答应了，因为他知道中央领导人的文件堆积如山，信如果写得一般，到不了领导同志手里就被秘书处理了。

奚志农的信和其他材料第二天就快递到了北京。唐锡阳接到信后，细心阅读了奚志农寄来的昆明动物所科学报告《滇金丝猴现状及其保护对策研究》和其他资料，在计算机前整整工作了三天。信中有一段是这样写的："100 平方公里的原始自然林和一类保护动物滇金丝猴，这不是一个小事呀。人啊人啊，难道就如此残忍，如此自私，如此短视！这片原始林和林中的滇金丝猴已经生存千百万年了，千百万年没有毁坏，为什么一定要毁坏在我们的手里？我这不是责备德钦县的政府和人民，这是全人类的责任。要解决经济困窘，要脱贫致富，光靠他们自己是有困难，确实需要地、省、中央甚至国际社会的援助，以及长江下游经济发达地区的帮助和支援。这个援助，也不一定是给钱。只要我们态度积极，办事认真，办法和政策还是会有的。我不相信只有'木头财政'死路一条，吃完这片林子，就剩下一个保护区了，是不是又要吃这个保护区？吃完这个保护区，还吃什么呢？难道我们解决问题的办法就是'吃祖宗饭，造子孙孽'？既不讲天理良心，也不顾子孙后代，什么仁义道德、生态伦理，全不要了。我想谁

也无法对这种心态承担责任，但谁也不能寻找借口逃避责任。在这严峻的现实面前，或者当机立断，或者遗憾千秋。”

唐锡阳把这封信寄给宋健后，宋健当即就做出批示，要求林业部依法处理这个问题。林业部很重视，立即组建工作组，赴云南进行调查。

唐锡阳当时没料到宋健会如此重视和快速地处理这个问题，为了引起更多人的关注，唐锡阳又把这封信打印了一份，寄给了“自然之友”会长梁从诫。梁从诫很重视这个问题，当即把它改写成一个题为《“自然之友”支持奚志农同志保护滇西北原始森林》的材料，印发给有关会员，并通过全国政协反映到政府部门。就这样，从北京到云南，共有十多位负责人都作了重要批示。

北京一些大学的环保社团闻讯也行动起来，组成了“拯救滇金丝猴小组”。他们在北京林业大学集会，会上先请动物学家全国强和唐锡阳讲话，接着观看奚志农拍摄的滇金丝猴的录像。许多人是第一次看到在海拔三四千米以上的原始森林；第一次看到活跃在自然生态中的滇金丝猴；第一次看到调查滇金丝猴的科学工作者过着卧冰踏雪的艰苦生活，感到既兴奋，又沉重。一位学生激动地说：“毕业后如果有这样的地方需要我，我会毫不犹豫地前去。”还有些同学准备筹集旅费，亲自到这个地方去访问，看能为当地老百姓做点什么。

尽管许多领导人和舆论界很重视这个问题，但砍伐的行动仍未制止，情况非常复杂，唐锡阳每天如坐针毡，很想亲自去了解

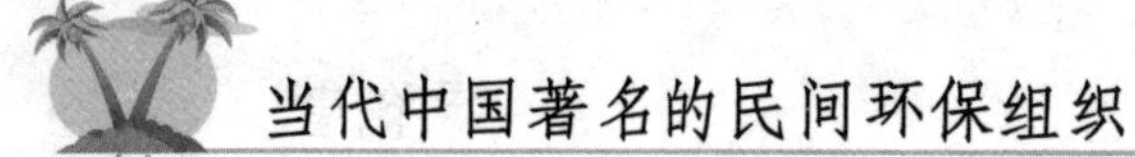

一下那里到底是怎么回事。加上奚志农也一再来长途电话，邀请他过去。唐锡阳在这个时候脑子里蹦出了一个念头“与其我一个人去，还不如带着一批大学生，和年轻人一块儿去调查研究和接受锻炼”。唐锡阳把这想法和妻子马霞商量后，马霞非常赞同，并立即拿出一万元，作为这次活动的启动资金。

也正是这个时候，马霞病了，得了食道癌，而且癌细胞已经扩散。这让唐锡阳非常矛盾，他放不下自己的妻子，同时也放不下白马雪山的那些可爱的金丝猴，马霞似乎看出了唐锡阳的心事，便鼓励支持他不要顾自己的病，要到云南去。

唐锡阳终于在马霞的鼓励下拿定了去云南的主意，剩下的工作就是选拔营员了。

在这之前由于宣传保护滇金丝猴的问题，唐锡阳已经接触了不少大学生。但要扩大范围，组建一个理想的“绿色营”，还需要亲自动手。因为这不是一般的生物夏令营，更不是集体旅游，而是在中国现实条件下开展绿色活动的一个创举。因此选拔营员的过程让唐锡阳费了不少心血。后来在马霞的启发下，唐锡阳对选拔营员定了三个条件：①热爱自然，关心环保；②读过《环球绿色行》；③在“绿色营”中能发挥自己的特长。

此外，唐锡阳的选拔方式也别具一格。有天晚上，唐锡阳在对外经贸大学作报告，有个名叫谢蕾的女学生听得很入神。报告完了，她和组织报告会的主持人送唐锡阳出来，唐锡阳听到她们的对话：

会议主持人说：“我真想参加‘绿色营’，可惜我要考 TOE-

FL。”

谢蕾说：“人生的机遇只有一次。”

谢蕾的那句话震了唐锡阳一下，唐锡阳立即从皮包里掏出一张申请表递给了她。后来谢蕾成了“绿色营”的文艺委员，表现也很好。毕业以后分配到南宁工作，表现更为出色。先是在大学生中组织了一个五六百人的“绿色沙龙”，后又吸收社会各界青年，组织了一个“绿色家园者协会”，成为南宁地区首批最活跃的绿色力量。她成了“绿色营”第一个可以燎原的“星星之火”。

经过一段时间的选拔，“绿色营”的阵容已经相当整齐，11所高等院校的21名学生。

此时的身在云南的奚志农也柳暗花明、时来运转了。原来奚志农原单位埋怨他“惹了麻烦”，想撵他走，而中央电视台立即聘用了他，他就以《东方之子》栏目特派记者的身份，全程随“绿色营”采访。为了一个题目跟访一个月，这在中央电视台也是破例的。可见中央台对“绿色营”云南之行的重视程度。

离“绿色营”出发的日子越来越近，马霞的病情也越来越重，使她本来就很瘦弱的身躯，眼看就要崩溃了。1996年7月20日马霞忽然又犯急性肠炎，一上午就跑了5趟厕所。一个健康的人也经受不住这种折磨，她更是全身衰竭了。

晚上，唐锡阳把女儿、女婿找来开个了家庭会，会议讨论了两个问题：一是，马霞要不要住院；二是，唐锡阳还要不要去云南。

关于唐锡阳去云南的问题，马霞十分坚定，去！唐锡阳激动地说："我是人，人是有感情的。这个事情再伟大，我怎能在这时候离开你？"

孩子们都哭了，马霞没有哭。而且平静地说："你应该去，你做了那么多工作，全准备好了，你应该去，你应该去。"

唐锡阳的小女儿抬起头来，对马霞说："妈，您真的愿意爸走吗？"

马霞带着微弱而坚定的口气说："是真的，他不去，我会不高兴的。"

唐锡阳当然明白马霞的意思，但马霞的汉语只能说到这个程度，唐锡阳就对女儿补充了一句："她的意思是，如果我不去，她会死不瞑目。"

马霞的精神感动了唐锡阳，而"绿色营"的这次行动感动了社会。随后，要求参加"绿色营"的大学生也越来越多。

在举行开营式的那天，马霞在开营仪式上做了一个录音讲话。为了保证录音的质量，唐锡阳特地邀请了北京人民广播电台的记者来完成这个任务。译文如下：

"我为你们感到骄傲。你们为了一个共同的目的，是如此自觉自愿地彼此合作，相互关心，而这正是此次远行所必备的精神。

"你们向大自然学习，希望不只是看看奇花异草、珍禽异兽和美丽的风景，更重要的是体验大自然，感知大自然。这需要虚心、细心和耐心。记得我们背着背包，穿越在北卡罗来纳州的大

雾山国家公园的时候，领队总是嘱咐我们要记住所有野花和各种植物动物的名字以及相关的知识，正如我们参加一次集会，总想多认识一些人，多知道一些有关的事情。

“这种学习不仅仅限于野外，今年有一天，我在观察窗外燕子的时候，突然发现在它们的尾羽之间分布着红色的斑点，立即查阅鸟类图谱，才知道它们叫金腰燕，是我从未见过的品种。所以我们不应该只满足于知道“这是燕子，那是麻雀”，还应该知道是什么样的燕子，什么样的麻雀。我们希望别人理解我们各自的个性，我们也应该努力发现植物、动物的特点。

“所以，希望你们不仅仅从望远镜中搜索广阔的景色，还应该调过头来，好好观察一下脚边的小花小草，你们就会被生物多样性的类型、姿态和颜色所倾倒。这些千变万化，有些是功能性的，譬如为了吸引昆虫，还有许多我们不知道，无疑都是宇宙间丰富多彩的最好验证。

“不要只是闷头赶路，对周围的事物视而不见，听而不闻；应该静下心，让大自然迎你而来。大自然有秘密，正如你们的心中也有秘密一样，甚至有时候连你自己的秘密你也不清楚。在你们共同相处的一个月中，你们将彼此学习。无论是处理人和人的关系，还是处理人和自然的关系，从寻求自身正确位置的角度来看，这都是一次极其难得的经历。你们首先要学会用欣赏的眼光去认识别人，然后才能正确地认识自己。

“你们年轻人对世界总是充满着好奇心，其实，这种好奇心我们也有，但被不必要的凡夫俗事所掩盖了。这种对世界的好奇

心，总是和灵感及创造力结伴而行的；没有这些，世界上就不会有伟大的作家、艺术家和科学家。大自然不仅为我们昭示着奇异，还孕育着真理和力量。

“还有许多的话想说，不罗嗦了。我的思想将一路上跟随着你们。盼望你们归来，焦急地等待了解你们这次旅行的所有细节。所以你们应该携带一个旅行日记本，在笔记中充分敞开你们的心扉。

“在这次旅程中，你们付出的越多，得到的也越多。”

马霞的这段录音成了“绿色营”的经典宣言，也成了她在“绿色营”的“遗言”。

1996年7月25日，正是“绿色营”出发的日子。唐锡阳正在打点行装，却接到了医院传来的电话：马霞刚刚去世了。唐锡阳赶到医院的时候，把白色的床单掀起覆盖了她的头，深情地和她说了最后一句话：“现在你可以和我们一起去云南了。”

离火车启动的时刻已经不允许再耽搁了，但“绿色营”的成员们谁也不知道该怎样结束这个悲壮的场面，最后唐锡阳大声地说了一句：“开车!”。

汽车到北京西站，“绿色营”在列车前举行了简短的仪式。大家含着眼泪为马霞默哀了一分钟。接着由唐锡阳讲话，他没有再提马霞，相反的，悲痛化作激昂，高声地说道：

“我要说个一、二、三、四。

“一是，高举一面绿色的旗帜；

“二是，两句话：一句话是“行万里路，读万卷书，阅万代

事，积万代福”；另一句话是“热爱自然，丰富知识，锻炼意志，净化心灵，增长才干，迎接中国绿色运动的到来。”

“三是，三个希望：希望在我们绿色营中，能够出现一个、两个自然保护的英雄；希望有几个同学通过这次活动将确定他们的生活坐标，把自己的一生献给自然保护事业；希望比较多的同学将改变自己的价值观、人生观、生态观、宇宙观。

“四是，通过这次活动，我们将生产四个精神产品：完成一份调查报告；做一部录像片；搞一个摄影展览；写一本书。”

最后唐锡阳大声地问：“同学们，我们能做到吗?”

全体营员齐声应答：“能!”

然后，他们就上车了。就这样，唐锡阳带着这批大学生，怀着悲壮的心情开始一段不寻常的旅程……

“绿色营”到了云南后，马上着手调查，他们在白马雪山考察期间，出现了一种奇异的现象。那时候正是滇西北山区的雨季，但他们很少碰到雨，即使有雨，也多是夜间或者乘车的路上，更令人振奋的是，很难看到的白马雪山和梅里雪山的巅峰，有些旅游者等了二十多天也看不到，但他们都看到了，好像一切都为他们准备好了。有人说“这是世界最美的山峰，因为阻挡着来自印度洋的暖流，终年云雾缭绕，难识真面目。今天完全揭开了面纱，露出了她那神圣、端庄、美丽的笑容。”，有人说“是马霞在等待我们。”，也有人说“马霞在云端看着我们呢”。

年轻人在奔跑，呼喊，拥抱。唐锡阳也忘掉了一切，大声地

呼喊：　　“白——马——雪——山——，我——们——来——啦——！”

他们的声音震天撼地，引来许多的照相机和摄像机，记下了他们和白马雪山渴望已久终于会面的喜悦。

“绿色营”在云南展开一个多月的调查后，取得了很大成功，不仅保住了原始森林及林中的滇金丝猴，而且使营员们受到了极大锻炼，更重要的是大家找到了大学生参与环保的一种模式。于是，从1996年以后，“绿色营”一届一届的延续了下来。他们每年组织一次活动，每年选拔一批关注环保的大学生，每年选择一个环保焦点话题，每年选择一个有典型意义的地方，以实地调查的形式对该问题进行深入考察。活动结束后，“绿色营”以考察文集、录像作品、摄影展览和考察报告会的形式总结和展示考察成果，并把调查到的问题向政府反映。以引起政府的重视，并唤起人们对环境保护的更多关注。

1996年第一届大学生绿色营在白马雪山合影

环保作家沈孝辉也参加了这次活动，此后出版了记录这届绿色营的专著《雪山寻梦》，这本书影响十分广泛。

保护原始森林

1996 年，“绿色营”在人数不多、时间不长的情况下，为保护滇金丝猴掀起了波澜壮阔，引起了政府领导层、舆论界以及社会各阶层的关注。

正是在这个基础上，1997 年，“绿色营”又发起了一次活动。此行的目标是藏东南的原始森林，主题是“尊重传统，认识自然”。活动仍以北京高校学生为主，并吸收了上海交通大学、四川联合大学、东北林业大学、云南大学的学生，还有少数作家、摄影家和记者参加。同年 7 月 19 日，“绿色营”离开北京奔赴西藏东南部的雅鲁藏布江大拐弯地区，对那里的生物多样性及自然状况进行了考察，并深入调查了当地原始林的生长及保护情况。当地藏民淳朴的民风和虔诚的宗教信仰冲击了每一位营员的心，科学与宗教、现代与传统、发展与环境的关系成为此行“绿色营”成员争论的焦点。而当地居民传统生活模式中所蕴涵的环保理念给了大家新的启迪，他们在活动中找到了人与自然的契合点。经过一个多月的考察，1997 年 8 月中下旬，“绿色营”陆续返回北京。

保护湿地生态

1998 年，“绿色营”为保护湿地生态，奔赴东北三江平原。

当时，“湿地”这个名词对许多人来说，都是陌生的。一般

说来，湿地包括沼泽、湖泊、河流、河口以及海岸地带的滩涂、红树林和珊瑚滩；还包括生态功能有限的人工湿地。湿地有两个重要作用：一是科学研究越来越表明它的重要，它是地球上生物多样性以及生物量较大的生态系统；它在调节气候、蓄水防洪、促淤造陆、降解污染等方面有其特别功能，因此，被称为“地球之肾”；湿地还向人类提供大量的粮食、肉类、鱼、药材、能源、水源、工业原料，以及湿地所特有的鹤类、鹳类、鹮类等大型水禽和湖沼海岸风光所具有的美学源泉。

此次“绿色营”考察的东北三江平原就是重要湿地，位于黑龙江省东部（黑龙江、松花江、乌苏里江汇流处）。三江平原地貌广阔低平、降水集中、径流缓慢，以及季节性冻融的粘重土质，促使地表长期过湿、积水过多，形成了大面积沼泽水体和沼泽化植被、土壤，构成了独特的沼泽景观。这里的沼泽与沼泽化土地面积约 240 万公顷，是我国最大的沼泽分布区。当人们还不认识湿地之前，把三江平原称为“北大荒”，看做“不毛之地”，并且把它当成了开发的首要对象。三江平原被开垦后建有许多大型国营农场，“北大荒”已变成了“北大仓”，成为国家重要的商品粮基地。在开垦的同时，该区生态平衡遭到一定程度的破坏，气候条件恶化，旱涝灾害增加，风害加重，水土流失严重，珍稀动植物减少。这种开发的规模和速度，和人们对湿地保护必要性的认识，刚好相悖而行。

因此，“学习湿地，宣传湿地，保护湿地”是 1998 绿色营的基本任务，也是 1998 年的环保焦点。“绿色营”在选拔营员的时候，要求每个人都要收集和学习有关湿地的资料，写一篇学习心

得。出发之前，营员们听了“湿地国际”组织陈克林、刚从湿地考察归来的沈孝辉、黑龙江省科学院自然资源研究所马逸清研究员的报告，对湿地的生态、现实的状况和存在的问题有了一个大概的认识。再加上出发之前的讨论和野外拉练，为此次活动都做好了精神准备。

1998 年 7 月 24 日是绿色营出发的日子。每个人的营服上都印着四个大字“保护湿地”。其实，怎样保护湿地？只是一个抽象的愿望，谁也拿不出什么意见和建议。经过一个月的学习和调查研究，脑子里就开始有些想法了。在营员开会的时候，唐锡阳提出了三点看法：

（1）我们不能等湿地没有了，再来认识和保护湿地。在当前保护和开发日益矛盾的情况下，新建和扩大保护区的面积是个有力的措施。尽管保护区目前存在各种问题，改进和完善还需要时间，但毕竟多了一个阵地，多了一个实体，也就少了一点可惜和遗憾。

（2）政府应该和湿地学家合作，总结几十年来的经验教训，在保护湿地方面搞个立法。譬如什么地方可以开发，什么地方不能开发，如何开发，都要以科学为依据，有章可循。如有的地方营养土层很薄，若把下面的沙层和黏土翻上来，不仅粮食产量很低，而且造成风暴沙暴，后患无穷。即使允许开发的地区，也应该改变单纯农垦的方式，以开发稻田为主，努力创建稻－苇－鱼、稻－鱼－麻、草基鱼塘、垛田鱼塘、果基鱼塘等水陆相互作用的人工生态模式，以迈入既有生态效益、又有经济效益的可持续发展的道路。即使在开发的区划之内，也应该

划出一定比例的自然湿地保护区或保护小区，这不仅是保护湿地的生态系统，也有益于改善农业生态的局部环境。农垦总局建三江分局由于接触各地知识分子以及日本、美国的专家比较多，环境意识比较强，所以在建立现代化洪河农场的同时，又划出32.7万亩湿地建立了洪河自然保护区，还在农场内大幅度扩大水田，以增加人工湿地面积。这种举措，就是一个有远见卓识的范例。

（3）加强对湿地的宣传。保护森林，保护动物，道理比较好懂，保护湿地，就不那么好说了，特别是要让群众听懂，领导听懂，让他们懂得保护湿地与目前和长远的利益都是攸关的大事，就真要下一番功夫。也只有群众懂了，领导懂了，湿地才能真正保护下来。但从我们接触的群众、领导，甚至包括湿地保护区的工作人员来看，多对湿地缺乏认识，因此创造多种形式宣传湿地，是当务之急。特别是今年江河横溢，早在意中，名曰天灾，实为人祸。道理很简单，树被砍了，湿地被占了，长江和许多河流发话了，使许多人猛省。我们应该借助于大自然现身说法，努力宣传好保护湿地。我们把今年的绿色营开往东北三江平原，我努力把这篇文章写好，也是一种形式，如果大家重视，形式会是很多的。

1998年8月12日，是“保护湿地”活动临近结束的日子，好几个营员在“营员日志”上深情地写着，或者亲口对唐锡阳说：“希望绿色营永远不结束。”唐锡阳便翻出了东北林业大学送给他的一个漂亮的小本。并且在上面写了一段话：

亲爱的营员：

我们来自昆明、南宁、重庆、成都、上海、北京、哈尔滨。我们的心愿是共同的，相逢是偶然的，时间是短暂的，但我们阅读了祖国东北的湿地景色，看到了乌苏里江、野荷和白鹳。各种经历、困难、碰撞以及思想的火花，将永远镌刻在我们生活的未来。

在即将分手的时候，我希望在“东林”送我的这个小本上，留下你最想说的话。

唐锡阳 1998. 8. 12

1998 年，8 月 17 日，在返回北京的火车上，唐锡阳收回那个小本的时候，它已经写了多半本，不同的字迹，不同的方式，表达了不同的心情。唐锡阳抑制不住内心的激动，一页一页读下去。

唐老师：

一路风尘，我们又走过了二十多个日夜，绿色营再次让我感动，您再次让我钦佩！

1996 年，是马霞的精神深深打动了我，于是 1997 年我报名参加了绿色营，有幸在您的带领下走过拉萨。那次西藏之行，不仅让我结识了许多有着一样的理想和热情的朋友，更让我开阔了眼界，增长了见识。西藏之行，将是我一生的财富。正因为如此，当您提出想让我筹备 98 大学生绿色营的时候，我义无反顾地接受了这项任务。

几个月来，我经历了从营员到队长的成长，经历了从参与者到组织者的变化。由于我个人的能力实在有限，这次绿色营的活

动还有很多不尽人意的地方，对此，我感到非常内疚和遗憾，但是我真诚地请您相信，我尽了最大的努力！

这次绿色营让我结识了更多的朋友，让我更深刻地体验了自然的美和人性的善，也让我看到了自已的许多不足之处，经过思想的交流，碰撞和融会之后，我们确实长大了，成熟了。

（北京师范大学）郎　艳

唐老师：

我衷心地感谢您和马霞女士创办了绿色营。

绿色营给每个营员以走进大自然的机会，不仅欣赏自然，更重要的是看望伤痕累累、问题重重的自然母亲，去感受她经历的痛苦，她给骄横人类的教训。绿色营给每个营员以这样的使命与任务——唤醒人的良知，深爱自然，保护家园。

（云南大学）您的学生：陈雪凛

唐老师：

一个68岁老人，应该颐养天年，但却仍在为中国的绿色事业，为中国的环保事业奔走呼号。您的性格、您的修养、您对大自然的信仰，让我由衷地敬佩。

真的很感谢绿色营，感谢唐老师给了我和全国15所高校的同学们相识的机会。希望唐老师身体永远这么硬朗。

（哈尔滨工业大学）您的学生：苗红波

唐老师：

从马霞的感人事迹中，让我学会了用欣赏的眼光去看待别人，去看待大自然中的一草一木。从和您的亲切交淡中，让我领悟到了真正、纯粹的环保主义思想，感悟到了什么才是人类的至真，至善，至美！“莫愁前路无知己，天下谁人不识君。”不论我将来走到哪里，从事什么样的工作，我都会高举绿色旗帜，让绿色溶入我的人生！

（东北林业大学）您的学生：郭旭光

读完这个本子里营员们的话后，唐锡阳说“人近七十，我还需要什么，要钱？要名誉？要地位？都不要，就要这种缘于大自然的至高无上的情谊，字里行间充溢着亲切、真挚和共同的抱负。这种人生和自然相互交汇与默契的情谊意味着什么？意味着力量，意味着事业，意味着绿水青山和千秋万代。”

探究生态旅游

1999 年，“绿色营”奔赴新疆北部哈纳斯。1999 年是“国际生态旅游年”，“绿色营”对我国生态旅游地之一——北疆哈纳斯国家级自然保护区的开发现状进行了为期一个月的考察。营员们关注新疆北部哈纳斯国家级自然保护区的生态旅游现状，澄清了当地借“生态旅游”名义搞破坏生态环境的事实，积极与当地政府接触，并寻求生态旅游的真正含义以及自然保护与生态旅游的最佳结合点，此举引起社会对现存生态旅游状况的深刻反思。

知识链接

新疆哈纳斯国家级自然保护区位于新疆维吾尔自治区布尔津县境内，与蒙古、俄罗斯、哈萨克斯坦三国交界。1986年成为国家级自然保护区，主要保护对象为：寒温带针阔叶混交林生态系和自然景观。保护区内有野生植物近1000种、兽类有39种、鸟类有117种、爬行类3种、两栖类1种。区内的森林植被基本处于原始状态，其优势树种为西伯利亚勒特有种，是我国唯一的泰加林景观。保护区自然生态系统保存完整，具有重要的保护价值和科研价值。

哈纳斯国家级自然保护区

此外，哈纳斯为避暑和游览胜地，主要的景点有：哈纳斯湖、月亮湾、卧龙湾、图瓦人村落等。

关注西部生态

在人类居住条件越来越恶劣的时候，沙漠化已成为世界各国关注的焦点。2000年，“绿色营”以关注西部生态为主题，以胡杨林为中心考察了新疆南部沙漠化现状和当地自然保护区管理情况。

在去新疆前，“绿色营”并没有讨论过胡杨林的问题。到新疆以后，他们才认识胡杨林，热爱胡杨林，痛惜胡杨林。并发现了隐藏起来的管理不利、执法不严、体制不顺这些导致环境破坏的根源。

据历史记载，胡杨林曾广泛分布于地中海沿岸、中东和我国的新疆、甘肃、青海、宁夏、内蒙等地的干旱地区。到了2000年，胡杨林大范围消退，而塔里木河流域却还保留着世界最大面积的胡杨林。

胡杨林是大自然的一个伟大创造，正如在荒漠生态中创造了骆驼这种特型动物一样，也创造了胡杨林这种特型植物。它抗热、抗寒、抗风、抗沙、抗碱、抗旱、抗瘠，是中亚腹地荒漠中惟一的乔木，是演化在干旱地区的一种奇特的森林类型。胡杨林系杨柳科杨属，是最古老最原始的树种之一。因为叶片的形状在生长期有不同的变化，所以也叫异叶杨。新疆是典型的内陆干旱地区，降水量极少，蒸发量极大，胡杨林虽然生活在这种地区，但本性不是旱性植物，它需要水。需要两种水：地表水帮助它的种子萌发，地下水帮助它成长。而动荡不定的塔里木河正好满足了它的这种需要，也强化了它的这种性格。胡杨林5月开花，8月种子成熟，正值冰峰融化、河水横溢的季节，种子得以四处漂游，在湿润的土地上迅速萌发。而成片幼林的发育成长，又可以改变土壤结构，稳定和抬高河岸，让漫溢河水改道去哺育另一片幼林。所以胡杨林的幼林、青壮林、成熟林很少混杂在一起，而是随着塔里木河的摆动变迁而成块地分布在两岸不

同的台地。

另一方面，塔里木河两岸丰富的地下水源，正好满足了胡杨林的生长需要，由于根系特别发达，只要地下水位不低于6米，它们便可以生存下去。如果地下水源丰富，胡杨便生长旺盛，最高可达30米，最大三人合抱不拢，成为荒漠中罕见的威武雄壮的森林。当地老百姓形容它们是“三千岁：一千年不死，一千年不倒，一千年不朽。”作为胡杨个体，虽然达不到这么长的年限，但作为一种森林群落和生态系统，确实起着千万年防沙固沙的巨大作用。

“绿色营”在考察中不仅发现胡杨林遭到破坏，还发现新疆最骄傲的人工林白桦树也一片一片枯死，大名鼎鼎的塔里木河，竟是一江充满泥沙的黄汤。塔里木河流域人烟稀少，一片败落的景象。“绿色营”从若羌叛返回时桥被冲垮了，并且光道路修复就要十多天。

为了调整营员们的心态，队里商量了一下，“绿色营”在从若羌折回之前，先访问米兰古城和生活在那里的105岁老人热合曼——被称最后一个“罗布泊人”。

米兰古城在若羌城东约40公里，路并不远，但路况很不好，人工修建的部分不多，大多数的时间都是在越过一眼望不到头的戈壁滩，中间要经过无数的干涸的河道。40公里的路“绿色营”走了4个小时，总算到了米兰古城。营员们心想米兰是世界知名的古城，总会有点建筑或标志。找了好久，什么也没有找到，于是他们便到了一片沙丘，前面的路上拦着一根横杆，大概是收门

票的地方。米兰古城终于到了。

“绿色营”进入米兰古城的第一个遗址，就刮来一阵强烈的沙尘暴，这时候，没有一个营员因为躲避风沙而回到汽车上去，只是用衣服、头巾包着头，戴上眼镜或墨镜，但更多的营员依然是短裤短袖，坦然地接受大自然的洗礼。事后有人说：“这是别具一格的沙浴和按摩。”但营员们更深的体验是：展现在眼前的断垣残壁和风沙的猛力扑打，使他们第一次懂得了人在大自然中是多么渺小和无能。

随后“绿色营”便打算拜访百岁老人热合曼[1]，他们先在米

2000年“绿色营”和热合曼老人（第二排左起第二人）

---

① 热合曼，全名“热合曼·阿不拉”。2006年1月11日凌晨2点，老人因病去世，享年108岁。

兰镇上找到了老人的后裔——一个活泼可爱的女中学生，然后请她上车带着营员们到北面的民族新村。

热合曼是米兰古城年龄最大的人；更重要的是，他是最后一个罗布泊人。两千多年以前的楼兰消失了，但古国的遗民却一代代生存下来。直到20世纪，热合曼和他的邻居才从干涸罗布泊迁出，辗转在塔里木河流域，后定居在米兰，受到政府的特殊照顾，每月发给生活补贴，还去过北京，是一位新闻人物。许多谈新疆探险、谈楼兰、谈罗布泊的书，都会说到热合曼。因为他的一切都带有传奇色彩。和他对话，就是和楼兰对话，和罗布泊对话，和沧海桑田对话，和历史对话。

老人安详地坐在新疆一个典型的院落里，非常质朴，不紧不慢的回答“绿色营”营员们提出的问题，接受队医为他号脉、检查健康，不嫌烦地和大家合影。

经过二十多天的观察、访问和阅读有关资料，“绿色营”确定了胡杨林所面临的命运，是难在“三劫”：一是，夺其水，二是，垦其地，三是，砍其树。

夺水主要表现在平原拦河筑坝，改变河道，截住了胡杨林的水源。垦地主要表现在当地大量地盲目地移民及开垦农田棉田，破坏了千万年来流域、荒漠、沙漠各种生态所交汇形成的自然格局，把原来绿色走廊的生态用水毫无节制地转化为农牧和生活用水。砍树主要表现在当地从伐木取薪到滥砍滥伐，是个愈演愈烈的过程。

他们在塔里木河的中游，对塔里木河两岸的胡杨林进行调查的时候，发现那个地区分属尉犁、轮台、库车三县管辖，各县都

要创造财政收入，都要安置水患移民及其他人口，都要争夺这个交通要道的黄金地段，因此争先恐后，先下手为强，破坏胡杨林的矛盾与问题十分突出。

后来“绿色营”又考察了“西天山国家级自然保护区”。可是经过调查，他们发现，为了砍树，保护区内动用了汽车、推土机，还设了一个木材加工点。每天把大木头从采伐点运到加工点，加工成方子和木板，再运到工地。并且保护区存在的管理不利、执法不严、体制不顺是导致当地环境破坏的根源。

“绿色营”结束了新疆的考察后，回到了北京，唐锡阳在第一时间以“环境使者”的名义，给国家环境保护总局写了一个题为《紧急呼吁保护胡杨林》的报告，长达6000多字。该报告引起了环保部门的高度重视。

保护亚洲象

2001年，“绿色营”为保护亚洲象奔赴云南思茅地区。他们协助IFAW做一些环境教育工作，关注亚洲象保护与社区发展。这次活动没有唐锡阳带队，完全由大学生自己管理自己，所以有人说这次思茅之行是“绿色营”的转型的标志，为“绿色营”的可持续发展奠定了基础。在活动期间，营员们提前选出了2002届筹备委员，绿色营的换届工作得到了平稳的过渡。

知识链接

亚洲象

亚洲象也叫印度象，主要分布在南亚和东南亚，鼻端有一个指状突起，雌象没有象牙，即使是雄象也有一半没有象牙或象牙很小，耳朵比较小、圆，前足有5趾，后足有4趾，共有19对肋骨(其中苏门答腊亚种有20对，但比非洲象少一根)，头骨有两个突起，背拱起。性情温和，比较容易驯服。

保护沿海湿地生态和鸟类

1990年，在刚刚确定双台河口两岸是黑嘴鸥繁殖地的时候，大部分黑嘴鸥都在辽河东岸繁殖。可由于黑嘴鸥是海鸥中惟一不在岛上而在陆地筑巢孵化的一种鸟。它们对繁殖环境的要求苛刻，不但要有丰富食物的沿海滩涂湿地，还要有低矮稀疏的碱蓬。可是，由于人们对辽河三角洲的过度开发，黑嘴鸥的繁殖地逐渐从辽河东岸迁移到辽河西岸的南小河地区。2000年开始，南小河地区的虾农开始引海水发展养虾产业，使海水灌进了黑嘴鸥的繁殖地，大片滩涂淹没，几百个黑嘴鸥巢被破坏，甚至有一些幼鸟被淹死；农民在这里捕鱼、采兰蛤、挖沙蚕，而这些都是黑嘴鸥的食物。人们的这些行为无疑对黑嘴鸥的繁殖栖息地造成了破坏，加剧了黑嘴鸥数量的减少。

因此，挽救濒临灭绝的黑嘴鸥迫在眉睫。2002年，“绿色

营”为加强公众对湿地和鸟类保护的重视，奔赴了辽宁沿海滩涂。对水污染和黑嘴鸥的繁殖地进行了系统考察。

知识链接

黑嘴鸥

黑嘴鸥是国际特别保护鸟种，被列入国际鸟类保护委员会编写的《濒危物种动物红皮书》中。黑嘴鸥体长32厘米左右，成鸟头戴“黑帽”，墨色的嘴巴，浑身玉羽银翎，在阳光下，如同盛开的黑蕊白朵花儿一般漂亮。此外，黑嘴鸥也是指示物种，它对环境十分敏感，它的数量可以指示栖息地的环境。如果有一天，黑嘴鸥在它的栖息地消失了，那么就表示着当地的环境遭到了巨大破坏，甚至人类也要考虑自身的安全了。

尊重人文传统、保护湿地草原

2003年，“绿色营”奔赴四川若尔盖湿地自然保护区，开展了“尊重人文传统、保护湿地草原”活动。在四川若尔盖地区对湿地荒漠化、草地退化现状和长江黄河上游重要地区的水资源破坏现状进行了考察；同时，他们在考察中主动了解藏族文化，与当地居民共同探索经济发展与环境保护的结合点及生态旅游的发展前景。

知识链接

四川若尔盖湿地自然保护区位于四川省阿坝藏族自治州若尔盖县境内。保护区于1994年经若尔盖县政府批准建立，1997年晋升为省级自然保护区，主要保护对象为高寒沼泽湿地生态系统和黑颈鹤等珍稀动物。该保护区地处青藏高原东缘，位于若尔盖沼泽的腹心地带，是青藏高原高寒湿地生态系统的典型代表。区内为平坦状高原，最高海拔3697米，最低海拔3422米，气候寒冷湿润，泥炭沼泽得以广泛发育，沼泽植被发育良好，生境极其复杂，生态系统结构完整，生物多样性丰富，特有种多，是我国生物多样性关键地区之一，也是世界高山带物种最丰富的地区之一。但该区生态系统脆弱，一旦破坏后很难恢复。

四川若尔盖湿地自然保护区

珍惜热带资源、关注海洋生态

2004年，“绿色营”奔赴海南，开展了主题为“珍惜热带资源、关注海洋生态”的活动。他们在海南的保护区内部了解并调查了红树林、珊瑚礁、热带雨林的生存现状，探索了海洋生态未来的可持续发展与保护。

海南红树林保护区

古有丝绸之路，今访河西走廊

2005 年，“绿色营”奔赴甘肃，开展了主题为“古有丝绸之路，今访河西走廊”的活动。此次活动，“绿色营”真正走进了久被遗忘的西北大陆，把最具有对照性的两个地点，白水江自然保护区和甘肃省民勤县，作为考察的目的地。

知识链接

白水江自然保护区于 1978 年建立，面积 19 万余公顷，主要保护对象为大熊猫、金丝猴、羚牛及森林生态系统，现在已经是属于世界生物圈保护区范围。白水江位于甘肃省陇南地区，是嘉陵江上游最大的支流。发源于甘川交界岷山山

脉南端的弓杆岭，自西北向东南流经四川省九寨沟县和甘肃省文县，于文县玉垒乡关头坝汇入白龙江碧口水库。

重返白马雪山，探访保护区十年变迁

2006年是“绿色营”成立第十周年，那一年他们开展了主题为“重返白马雪山，探访保护区十年变迁”的活动，他们奔赴第一届绿色营去过的白马雪山，重走第一届绿色营走过的路，探访白马雪山自然保护区十年来的变迁，追寻那个梦开始的地方。

知识链接

白马雪山保护区位于云南省德钦县境内，面积190144公顷。保护区在1983年经云南省人民政府批准建立，1988年晋升为国家级保护区。

白马雪山

“白马雪山”因巍峨的云岭横断山脉，群峰连绵，白雪皑皑，远眺终年积雪的主峰，犹如一匹奔驰的白马而得名。保护区内国家重点保护植物有星叶草、澜沧黄杉等十多种，国家重点保护动物有滇金丝猴、云豹、小熊猫等30多种。因此该保护区有“寒温带高山动植物王国”之称，具很高的科学价值。

自然讲解员训练营

2007 年和 2008 年，“绿色营”分别在吉林长白山国家自然保护区和广东南岭国家自然保护区举行自然讲解员训练营。训练营通过自然观察和自然体验的方式开展青年人自然教育，产生了良好的效果。

营员们认真观察自然

参加“自然讲解员训练营”培训的营员回到各自所在的学校和城市后，在北京、天津、上海、厦门、广州、重庆成立了定点观察小组，开展长期的自然观察和自然体验活动。每个小组选派优秀的成员参加暑期举行的自然讲解员训练营，跟随有着丰富自然讲解经验的老师学习自然解说的知识和技能，并同来自全国各地的代表交流经验。

知识链接

定点观察，是指选定一块荒野地（可大可小、可在公园也可在家门口、可在市内也可在郊外），然后用一段较长的时间观察当地一年四季中各种生物与环境的变化与互动。

绿色营的成员们在老师的带领下在大自然中学习

北京地球村

北京地球村，全称“北京地球村环境教育中心”。该组织是一个致力于公众环保教育的非营利民间环保团体，成立于1996年，创始人是廖晓义。

北京地球村标志

“北京地球村”自1996年4月22日起在CCTV－7独立制作《环保时刻》节目，这个中国唯一的由民间环保组织制作的电视环保专栏每周播出一期，持续了5年，2001年后，改为在CCTV－10《绿色空间》和一些地方电视台不定期播出。此外，“北京地球村”摄制组不仅着眼于通过电话专栏对中国的公民进行环保普及，还到过十几个国家进行拍摄采访，介绍国外的环保经验。

“北京地球村”作为一个具有理论研究、影视制作、社区教育和国际交流综合能力的中国民间组织，受到了国际媒体的广泛关注。1998年至2000年期间，该组织成为全国环境基金会的首届民间组织联络站；2001年，受联合国环境署的委托成为中国NGO信息联络站。

建立中国第一个绿色社区

1999年4月，“北京地球村”与宣武区环卫局、环保局、精神文明办、白纸坊街道、物业公司共同建立了中国第一个绿色社区试点——建功南里绿色社区。绿色社区模式包括社区的环保设施和公民参与机制，它涉及节能、节水、垃圾分类、绿化等方面的内容，同时也涉及环保的软件建设。

在宣武区环卫局的大力支持下，“北京地球村”在宣武区组织了一系列的垃圾分类宣传教育活动，开展了“让环保走进生活”、“让环保走进社区”的培训活动，组织居民参观垃圾填埋场。经过培训后的居民们环保意识都大大提高了。

建功南里绿色社区的建立让廖晓义信心倍增，因此，为了让绿色社区模式得到更好的推广，2000年8月，担任奥组委环境顾问的廖晓义积极参与了“北京绿色奥运行动计划”的制定，并向时任北京市市长刘淇提交了“垃圾分类实施方案”和绿色社区推广建议，方案和建议得到了北京市政府的重视和采纳。2000年9月，北京市政府召开绿色社区现场会，18个区县的近百位领导参观了建功南里绿色社区。垃圾分类成为绿色奥运行动计划的一个重要内容，并被北京市政府视为重要工作加以实施。

2001年，北京市奥申委采纳了“北京地球村”提出的绿色

社区推广策划方案，并使其成为绿色奥运行动计划的内容之一。

设立儿童环保教育工程

为了使中国的少年儿童获得更多环保教育的机会和资料。2000年12月19日，“北京地球村”与中华慈善总会联合设立了儿童环保教育工程——绿天使工程，在绿天使工程启动后的不到一年的时间里，北京市1115所学校的83万名小学生踊跃参与了绿天使行动，他们以一点一滴的环保行为，带动了家庭参与环保，为北京市取得绿色奥运的申办权作了积极的贡献。

2001年10月，“北京地球村”推出了儿童环境艺术教育项目——绿天使演唱团。“绿天使演唱团”是一个专门演出环保节目的少儿文艺团体，演员们来自北京市中小学，年龄在5~13岁之间。

“绿天使演唱团”成立后，参加了中央电视台《森林之歌》大型电视晚会、北京电视台《中国绿色行》环保栏目、中央电视台《真情无限》、《岁月如歌》等栏目的演出，还参与了十几场各类环保活动的演出，用歌舞表演的形式向人们宣传环保理念，其节目质量，演出效果都收到了业内人士和观众的好评。

2003年“绿天使演唱团”扩大重组，建立了“绿天使艺术团”。“绿天使艺术团”以各学校为主。用挂牌“北京地球村环境教育中心——绿天使艺术团”的方式体现，以专场演出的模式向观众展示优秀的环保文艺作品。

知识链接

丹尼斯·海斯（Dennis Hayes）是1970年全球首次发起“地球日”活动的组织者，创建了“地球日联盟”。也是美国著名的环境主义者，被誉为“地球日之父”。人们把他在1970年发起的“地球日”活动视为美国现代环保运动的开端。

北京东四九条小学“绿天使艺术团”与丹尼斯·海斯先生在一起

“绿天使艺术团”在“人人参与共建绿色家园”演出现场

“北京地球村”用这种新颖的环境教育模式面对广大青少年，不仅加快培育了面向二十一世纪的环境教育体系，而且推动了中国儿童环境教育的发展，培养了儿童的积极性和独创性，在孩子接受教育的同时带动其父母的环保意识，促进了绿色社区的建设。

“绿袋子行动”

2003 年 6 月，“北京地球村”推出垃圾分类“绿袋子行动”方案，并与宣武区政府共同推动“绿袋子工程”。“绿袋子行动”提出后，得到了多家媒体和宣武区政府的关注。

知识链接

“绿袋子行动”就是以绿色有标志的塑料袋把占垃圾总量 30% 左右的厨余垃圾先分出来，因为这部分垃圾最容易孳生蚊蝇和病菌，污染环境。同时，可以彻底解决垃圾分类清运的问题，保证居民分类后的厨余垃圾变成有机肥和绿化土，而不是送往填埋场。这样不仅可以使生物垃圾变成生物肥料或绿化土，避免对其他可回收垃圾的污染，直接减少垃圾总量，缓解政府清运垃圾和填埋的压力，大大减少垃圾填埋量，节约土地资源，同时还可以避免因填埋场的防渗漏措施不到位而导致地下水的污染等环境隐患，同样重要的是，从分离厨余垃圾开始，提高了公民的环境保护意识，为进一步的垃圾分类创造条件。

2003 年 8 月 2 日 ~8 月 8 日，“北京地球村”在开展“绿袋子行动”前，首先对“大学生环保志愿者”组织进行了“绿袋子行动”培训。同时在北京宣武区 11 个社区（椿树园社区、建功南里社区、建功北里一区居委会、天泽园社区、长椿苑社区、广华轩社区、马连道西里三区、华北电管局社区、红莲能源部社区、万博苑社区、法源寺社区）对居民展开了分离厨余垃圾的

“绿袋子”培训活动。培训活动结束后，“北京地球村”与政府合作在宣武区十一个试点社区内开展了“绿袋子行动”，进一步推动垃圾分类工作。

“北京地球村”在宣武区马连道西里三区开展“绿袋子”垃圾分类培训课

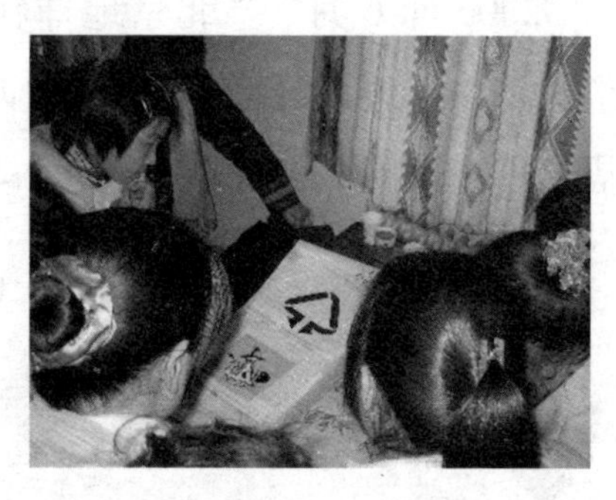

“北京地球村”在宣武区建功南里社区开展“绿袋子”垃圾分类培训课

“北京地球村”在东城区东四六条开展社区垃圾分类培训课

为了扩大影响，2004 年 9 月 1 日，“北京地球村”又在上海徐汇区田林街道 23 个社区发起“人人参与，共建田林——绿色生活行动”垃圾分类活动。

“循环巨龙”活动

实验证明，一个墨盒的墨能污染60立方米的水源。2008年我国产生废弃墨盒的数量已超过4500万个，硒鼓超过400万个。这些废弃的耗材含有大量的重金属元素，成为土地和水域的新污染源。不仅如此，喷墨打印还有挥发性物质污染，激光打印有破坏臭氧问题。许多国家早以法律形式要求对墨盒、硒鼓等耗材实行强制性回收。在中国，由于一次性原装耗材的高利润趋动，生产企业难以割舍，使市场上可循环利用的再生耗材普及率不到15%。

为了提高公众对随意丢弃打印机墨盒和电脑硬件所造成的环境危害的认识，2005年2月，“北京地球村”和惠普公司共同发起了“循环巨龙”活动，并且鼓励所有的政府部门、企业客户、学校与社区积极地参与到循环回收的行动中。

表演形式的“循环巨龙”活动

发起“节能20%公民行动”

“节能20%公民行动”是“北京地球村”联合各地的环保组织在2007年共同发起的。活动以倡导低能耗生活方式、消费方式为核心，配合国家已经实施的各种节能政策措施，开展空调测温、能效标志推广、绿色出行、绿色照明等一系列活动。

2007年7月28日下午，“节能20%公民行动”在北京赛特饭店正式启动。

为了充分发挥公众监督的力量，检验“26度”这一节能控温政策的执行效果，推动公共场所遵守国家有关26度节能控温政策。2007年8月13日下午，“节能20%公民行动”开始了第一轮的全国NGO联合行动——26度测温活动。北京、襄樊、郑州、杭州、合肥、昆明、青岛、上海、温州、南京十个城市的环保志愿者对当地的商场、酒店、写字等公共建筑温度情况进行测量和监督。

2007年12月20日，“节能20%公民行动”小组共同在北京、天津、上海、南京、杭州、郑州、昆明、襄樊、合肥、厦门等城市开展“冬二〇我承诺”空调节能行动，“冬二〇活动”就是在冬季，将空调调到20℃以下。此外，并发出“顺应天时，自然着装”的倡议，呼吁人们改变生活方式的行为，响应节能减排。

2007年9月16日~18日，“节能20%公民行动”开展了一次针对各大、中城市公共交通现状的调查活动。该活动针对城市的公共交通工具，分别对不同人群进行民意调查，用调查的数据，为改善公共交通设施与服务提供依据，也进而让更多的市民了解

无车日及城市交通的知识。参与的城市有：北京、天津、上海、厦门、南京、青岛、郑州、杭州、温州、昆明、襄樊、呼伦贝尔等。

2007 年 11 月 28 日，"节能 20% 公民行动"在全国发起"绿色包装——11 · 28 减塑日活动"。活动一方面宣传"绿色包装"理念，反对过度包装，倡导消费者重复使用塑料袋购物，减少对一次性用品的依赖等环保理念，并向公众发起"绿色包装我选择"的倡议。另一方面，"节能 20% 公民行动"小组在 11 月 28 日那天，与超市、大学合作，开展了一天"塑料袋收费"活动。利用经济手段控制塑料袋的使用量，广泛促进了消费者改变消费方式，并影响相关部门在塑料袋发放管理及商品包装方面制定具有针对性的法规。活动参与的城市有：北京、天津、上海、厦门、南京、杭州、昆明、合肥等。

2008 年 3 月 23 日——国际气象日，"节能 20% 公民行动"小组在全国近十个城市的大型家电商场举行了"识别能效标志，选购节能电器"的大型宣传活动。

2008 年 4 月 22 日，在世界地球日来临之际，"节能 20% 公民行动"举办了主题为"节能减排，从灯做起"的活动，并呼吁公众使用节能灯，减少能源消耗，减少相应的温室气体排放。

建立延庆碓臼石环境教育基地

为了引导公民建立环保意识，让环保真正走进生活，进而推动公民参与机制的建立。"北京地球村"在北京延庆县井庄镇碓臼石村（距京 58 公里的 110 国道旁），建立了环境教育培训基地，基地占地 2800 亩，是一个集环境教育、绿色旅游和农户环

保为一体的生物多样性区域。

基地以实现农村民俗旅游与公众环保教育互动的模式，通过对农户的培训和具体的措施，实现绿色生活在农村发芽生根，在外来受教育者与农户的互动当中共同促进环保意识的增长。

基地培训对象主要是：大中小学生、旅游者、社区居民、企事业单位员工、农户等社会各界人士。主要培训内容如下：

① 企业社会责任培训。

② 持续、系统地对农户进行培训，从生活方式、行为方式和生产方式几方面对地球村环境教育基地的村民们开展环保教育。具体包括：推动农户进行垃圾分类；节水节电、减少污染；种植绿色蔬菜；重复使用、不用一次性制品；植树护绿等。在持续的培训当中逐渐建立村民的环保意识。

③ 组织大、中、小学校进行亲近自然环保教育，通过在地球村三大区的观赏、体验和参与，提高他们的环保意识。

④ 对社会各界，旅游者、管理者、企业和社区的居民进行“环保走进生活”的培训，富有针对性地在他们所感兴趣的领域渗透环保理念。

⑤ 积极发动媒体广泛宣传、倡导绿色生活、引起社会广泛参与。

建立大兴环境教育基地

2007 年 10 月，“北京地球村”在北京大兴区庞各庄建立了大兴环境教育基地。基地与包含人文奥运的快乐天地素质教育基地和包含科技奥运内容的北京航天科普教育基地相邻。从而形成绿色奥运、人文奥运、科技奥运的三大理念。同时基地也为社会

各界开展公益事业提供了场所。

北京大兴教育基地展室

“青少年生物多样性环境教育”项目

生物多样性是指一定范围内多种多样活的有机体（动物、植物、微生物）有规律地结合所构成稳定的生态综合体。这种多样包括动物、植物、微生物的物种多样性，物种的遗传与变异的多样性及生态系统的多样性。对于人类来说，生物多样性具有直接使用价值、间接使用价值和潜在使用价值：① 直接价值：生物为人类提供了食物、纤维、建筑和家具材料及其他工业原料，生物多样性还有美学价值，可以陶冶人们的情操，美化人们的生活，另外，它还能激发人们文学艺术创作的灵感。② 间接使用价值：生物多样性具有重要的生态功能。无论哪一种生态系统，野生生物都是其中不可缺少的组成成分。在生态系统中，野生生物之间具有相互依存和相互制约的关系，它们共同维系着生态系

统的结构和功能。野生生物一旦减少了，生态系统的稳定性就要遭到破坏，人类的生存环境也就要受到影响。③ 潜在使用价值：就药用来说，发展中国家人口的80%依赖植物或动物提供的传统药物，以保证基本的健康，西方医药中使用的药物有40%含有最初在野生植物中发现的物质。此外，一些野生生物也具有巨大的潜在使用价值。一种野生生物一旦从地球上消失就无法再生，它的各种潜在使用价值也就不复存在了。

针对青少年对生物多样性的概念和作用了解不够的现状，"北京地球村"设立了"青少年生物多样性环境教育"的项目。项目组成员主要通过在学校内开展各种形式的授课、宣传、走出校门走进自然调研考察、亲身参与清除北京公园河道垃圾、走进生物多样性保护地区考察湿地、制作"绿地图"等不同活动来促进青少年关注中国的环境状况、了解生物多样性概念，帮助青少年获得相关知识，以培养他们的价值观。

2008年5月8日，项目组的工作人员和植物专家李政文在门头沟圈门小学开展了生物多样性小组的启动仪式。活动中，学生们从不认识植物到了解植物，而且还知道了植物与人们生存环境之间的关系，以及为什么要保护植物等一系列有关生物多样性的知识。

2008年5月19日，"青少年生物多样性"项目在朝阳区红领巾公园开展了拾垃圾、清河道、护水源活动。活动由"北京地球村"和河南在京务工人员环保志愿者服务队联合举办，东四九条小学和石景山师范附小的师生队伍近百人共同参与。活动中，孩子们不仅知道了如何进行环保的公益活动，还在项目工作人员和河南环保服务队员的带领下，分成多个小组进行了捡拾垃圾，

清理河道，宣传讲解等学生参与性实践活动，使孩子们受到了极大锻炼。

小组成员在校内观察植物

小组成员在清理河道

“绿色列车”项目

当今的中国，正以其十分脆弱的生态系统承受着巨大的人口和发展压力，日益恶化的环境导致宝贵的生物多样性正在以惊人的速度丧失，生态环境持续脆弱：气候变化、土地荒漠化、草原退化……但公众对此却知之甚少。

为了让公众更多地了解生态环境的重要性，提高公众的环保意识，以自身消费行为的转变来保护生物多样性，“北京地球村”同铁道部、北京奥组委环境活动部和其他国际、国内多家环保组织联合开展了“绿色列车”项目。“绿色列车”项目以西南山地和内蒙古呼伦贝尔大草原为目标开展了奥运“绿色专列——西南生物多样性”公众教育项目和“绿色列车——草原生态保护”公众教育项目。

“北京地球村”选择了北京至昆明的T61/T62次列车和北京至满州里的1301/1302次列车作为载体，进行“生物多样性保护”的一系列宣传、教育活动。

“北京地球村”在活动前期，先对乘务员开展了培训工作，内容包括：生态、环境保护常识、生物多样性保护的知识和环境宣传能力培训。经过培训，乘务员对环境保护和生物多样性的重要性有了更多的了解和认识，服务观念也得到了转变。“北京地球村”还精心编制了很多关于生物物种、民俗传统文化及绿色奥运方面的知识、趣闻、故事、歌曲等内容的专题广播节目光盘和相关的宣传小册子。

项目开展过程中，项目组通过在列车上的一系列宣传活动使

许多旅客了解了环保及生物多样性的知识和意义，将绿色奥运和绿色生活的理念得到了有效宣传。并调动和培训能够在火车上协助宣传环境教育的志愿者。

项目结束后，他们还召开了研讨会和表彰会，总结列车公众参与式环境教育模式，并表彰了活动中涌现出的优秀车组、乘务员、优秀旅客和优秀志愿者。这些优秀成员也被分别授予了“绿色之星”和“绿色大使”的荣誉称号。

此外，“北京地球村”还建立了“绿色列车”网上专栏和论坛，追踪报道活动的动态和相关信息，征集参与活动的文章和作品，通过研讨和交流扩大影响。

“20 节能行动”家庭竞赛

为提高公众的节能意识，倡导能源节约的可持续生活方式，世界自然基金会与“北京地球村”联合开展了为期一年的北京和上海每城市选取 1000 户居民参加“20 节能行动”家庭竞赛。希望通过培训、示范、宣讲、节水、节电竞赛活动，用计算出参赛家庭节约的水、电，将其换算出二氧化碳碳排放量的方式，评选出两城市共 40 户“节能减排明星家庭”。因为，这种节水、节电竞赛活动形式，可操作性强、方法新颖能带动公众亲身参与能源节约。

2007 年 9 月 7 日 ~9 月 30 日，北京、上海两城市共 2000 户参赛家庭的代表，参加了“20 节能行动”家庭竞赛的赛前培训。

2007 年 12 月 26 日第一轮“20 节能行动”家庭竞赛结束，并在北京、上海两城市举行了颁奖大会。

北京“20节能行动”家庭竞赛颁奖大会

上海“20节能行动”家庭竞赛颁奖大会

经过七个月二轮竞赛（第一轮2000户、第二轮40户），“20节能行动”家庭竞赛中共节水3549.365吨，其中北京市节水1767.515吨（减少二氧化碳排放量2951.75千克），上海市节水1781.85吨（减少二氧化碳排放量2975.69千克）

倡导“无车日”

2005年9月初，北京地球村、中国环境文化促进会、世界

自然基金会、中国国际民间组织合作促进会、自然之友、环境与发展研究会、绿家园志愿者、香港地球之友、保护国际9家环保组织通过媒体向全民发出倡议，倡导人们在9月22日这一天有车族放弃私车，乘坐公共交通或骑自行车或步行以支持环保。同时，这9家环保组织向有关部门呼吁制定中国自己的“无车日”，并在当天的一些主要干道上禁止私家车通过。

知识链接

9月22日是“国际无车日”。这个节日最早起源1998年的法国巴黎。法国绿党领导人、时任法国国土整治和环境部长的多米尼克·瓦内夫人倡议开展一项“今天我在城里不开车”活动，得到首都巴黎和其他34个外省城市的响应。当年9月22日，法国35个城市的市民自愿弃用私家车，使这一天成为“市内无汽车日”。随后，欧洲其他国家及北美、南美和亚洲不少城市竞相效仿，使9月22日成了“国际无车日”。至今，国际上已有超过1000个城市开展过“无车日”活动。这项活动也已经成为一项世界性环保运动。

发起活动的9家组织在短短两周的时间里联系了北京所有知名的媒体，全面报道这次活动。与此同时，9家组织还把这个倡议发给所有的志愿者以及合作伙伴，其中也包括一些车友会。并在9月18日当天组织了80位环保志愿者，身穿“无车日”的宣传文化衫分成若干小组走近社区、学校、企业进行宣

传，他们把2000张无车日海报发放到社区、企业中。活动中，志愿者们耐心的告诉公众，“无车日”蕴含的环保理念。告诉大家北京的空气质量、路权分配、身体健康等问题与“无车日”的关系。

后来，“北京地球村”创始人廖晓义、能源基金会主席杨富强走近中央人民广播电台等媒体，向市民发出呼吁，并介绍了各国“无车日”当天的措施以及针对北京开展“无车日”活动的建议。

9家组织的这次联合行动，以及前期的媒体攻势并没有让2005年9月22日的北京成为畅通的一天。但几十家媒体的报道已让大部分市民熟知了“无车日”这个名词。

转眼到了2006年4月，北京地球村、能源基金会、中国环境文化促进会、世界自然基金会联合给北京市副市长写了一封信，信中建议：“北京选择一条公交线路发达的街区在9月22日这一周末进行‘无车日’活动，除公交、自行车和特种车辆（救护车、消防车、警车等）以外，禁止小汽车通行。与此同时可以在此街区上进行空气质量的监测，把所得数据与前日的数据进行比较，估计很有说服力。”在5月25日“环境保护与可持续发展高层论坛”上，“北京地球村”执行主任栗力将此信交到了吉林副市长的手中并表达了NGO希望协助市政府搞好“无车日”活动的决心。

2006年的6月5日前夕，北京市环保局提出“为了首都的蓝天，每月少开一天车”，这一口号得到了北京乃至全国几十家环保组织的热烈响应。廖晓义立即在新京报上发表了题为“公民行

为与政府行动”的文章，文中写道“‘每月少开一天车’，环保部门和环保组织的这一倡议得到不下20万有车族的响应。这是一个令人振奋的信息，它表明一种新的时尚正在悄然兴起。这种时尚体现的是人们对于能源消耗和空气质量的关切，也是人们对于生活品质和环境公平的关注。”

在2006年9月22日，“北京地球村”、“自然之友”、中国环境与可持续发展资料研究中心共同发起了“骑行北京周”活动，提倡人们多以自行车为交通工具。并得到了中国自行车协会的大力支持以及海因里希·伯尔基金会的资助。

整个“骑行北京周”活动由为期一周的主题摄影展和9月23日的骑行活动两部分组成。“骑行北京”摄影展在文津街的中国国家图书馆古籍部分管举行，展出对公众是免费的。参观者可以从摄影作品中感受到自行车不仅仅是一种代步的工具，它已成为健康、环保以及时尚的又一代名词。

2007年，“北京地球村”又参与到建设部公共交通周的活动中，协助建设部完成了“公共交通周”的宣传片及“无车日”的广告片，并与各地环境民间组织再次联手倡导“无车日”活动。

2007年9月22日这一天，由“北京地球村”和北京东四街道办事处主办的名为“无车的日子，走街串巷”活动在东四奥林匹克社区罗家胡同启动。活动呼吁更多的人选择以公共交通、自行车、步行为主的绿色的出行方式。在活动中“北京地球村”和多家环保组织以及东四社区共同发起了“绿色出行”倡议，廖晓义还向到场的嘉宾、居民以及多家媒体公布了针对北京不同出行

方式人群的公共交通问卷调查结果。最后，由环保志愿者以及不同的人群组成的健走队伍从北京东四罗家胡同步行至王府井八面槽，鼓励绿色出行的健康方式。受建设部委托，由“北京地球村”承担拍摄和制作任务的《公共交通周宣传片》和《无车日广告片》也于当天在相关媒体上播放。

绿家园志愿者

绿家园志愿者，成立于 1996 年，是非盈利民间环保团体，创始人是汪永晨和金嘉满。

绿家园志愿者成立后，开展了领养树、沙漠种树、民间观鸟等活动。并号召了一批关心环境的记者成立了“绿家园记者沙龙”。2002 年，“绿家园记者沙龙”和中国青年报“绿岛”联手后，记者沙龙的规模进一步扩大，它的影响力也与日俱增。从 2003 年起，绿家园志愿者开始高度关注中国江河的命运，并将组织的工作定位在对江河的保护上，2006 年 11 月 19 日起，绿家园志愿者正式发起了“江河十年行”活动。

如今，绿家园志愿者队伍已从当时的几十人发展到现在的上万人。队伍的成员也从最初的记者、环境科学工作者发展到社会各界人士的纷纷加入。该组织推动了我国绿色事业，为我国可持续发展做出了突出贡献。

植树活动

1997年，汪永晨在采访日本老人远山正瑛时得知，在内蒙古沙漠上，每年都有很多日本志愿者前去种树，但却没有中国志愿者前往。从1997年“五一”开始，汪永晨便组织绿家园志愿者开始推动荒漠植树计划。志愿者们的足迹从内蒙的恩格贝、科尔沁沙地，到黄河，长江两岸，和长城脚下，太行山中。那年他们在内蒙古科尔沁沙地，种下了相当千分之一香港面积的树。

由于1997年植树活动取得了很大的成功，1999年3月，绿家园志愿者又组织了一次“99万亩黄河边植树活动”，有500名来自北京和世界12个国家的绿家园志愿者在黄河边上种了树。那一年，汪永晨获得了由国家环保总局颁发的“地球奖”。她将2万元奖金捐给中华环保基金会，设立了“绿家园志愿者”教育基金。

此后的几年里，绿家园志愿者的植树活动从未停止，并且仍然在更大的范围内进行着。2007年4月14日下午，绿家园志愿者和河北邢台天河山同市林业、环保部门以及市政协人口资源环境委员会的工作人员一起，挥锹破土，种下200多棵雪松、红枫和海棠。汪永晨说“绿家园志愿者的成员和邢台人民一样，都是太行山的儿女，关心爱护太行山是志愿者们义不容辞

的责任。这次到太行山最绿的地方——邢台县开展植树环保活动，就是想借此进一步唤起人们的绿化环保意识，号召大家从力所能及的小事做起，为保护大自然，促进人与自然的和谐相处贡献一份力量。”

“怒江保卫战”

怒江于2003年7月3日被正式列入世界自然遗产。怒江之所以被评为世界自然遗产，原汁原味的文化在里面起到非常重要的作用。世界自然遗产的评选有四个条件，包括生物多样性、景观、地质构造、文化。只要符合其中的一条就可以成为世界自然遗产。怒江作为三江并流（怒江、澜沧江、金沙江）中的一条江被联合国教科文组织评为世界自然遗产是因为它同时满足了评选的四个条件。

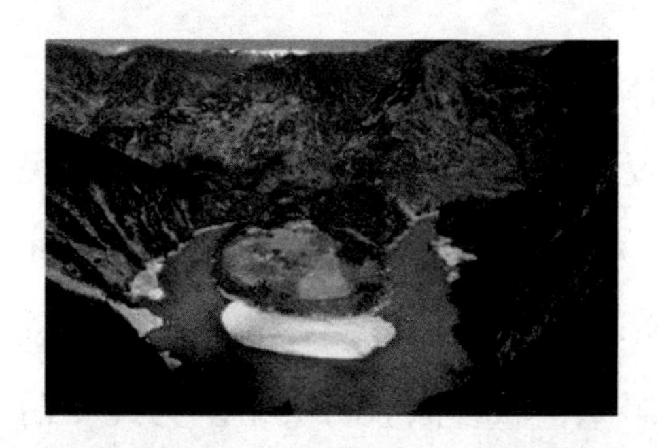

怒江风景1

怒江风景2

但在怒江被评为世界文化遗产后的不久，绿家园志愿者就得到了不好的消息。原来，2003年8月12~14日，国家发改委在北京召开《怒江中下游水电规划报告》审查会，会议通过了在怒

江中下游修建十三级水电站的方案，当汪永晨得知怒江修建水坝的方案已经通过的消息后大为震惊，从此，她便带领绿家园志愿者为保住怒江展开了反对建坝的抗议，媒体把这次事件称为“怒江保卫战”。

2003年9月3日，汪永晨联络社会各界环保人士和环境学者，在国家环保总局主持召开的论证会上，对怒江建坝提出了激烈抗议。汪永晨还发动绿家园记者沙龙十几家媒体的记者参加了会议，将专家们反坝的声音通过各大主流媒体传向社会。

为了引起政府部门的重视，2003年10月25日，在中国环境文化促进会第二届会员代表大会上，汪永晨又用一张会议用纸，一支铅笔，征集了62位科学家、新闻工作者和民间环保界人士反对建坝的联合签名。这份签名后来通过媒体传播，引起了广泛的社会舆论。

汪永晨越来越感受到了媒体的力量，于是，2003年11月底，在泰国举行的世界河流与人民反坝会议上，汪永晨和其他中国民间环保NGO为宣传保护怒江在众多场合奔走游说，最终促成60多个国家的NGO以大会的名义联合为保护怒江签名。此联合签名最后递交给了联合国教科文组织，联合国教科文组织为此专门回信。

为了发动公众也参与到保护怒江的队伍中来，2004年2月16~24日，汪永晨带领绿家园志愿者和云南的20名新闻工作者、环保志愿者和专家学者，在怒江进行了为期9天的考察。

汪永晨在考察完后，写了一篇文学报道《深情的依恋——怒江》，文中记录了她怒江之行的所见所思：

“今天要在怒江上开发十三级水电站，除了有扶贫说以外，就是能源短缺说。扶贫，就要移民，把有着那么丰富民族文化传统的人的家搬走了，那么‘三江并流’作为世界自然遗产得到的‘这里的少数民族在许多方面都体现出他们丰富的文化和土地之间的关联：他们的宗教信仰、他们的神话、艺术等’还能存在吗？没有了根的民族，能富裕吗？

“开发怒江，官方的说法是要花费1000个亿，这算的只是修坝的成本。怒江大山的形成，河水的流淌，植物的绿色与花卉的芬芳，鸟儿的鸣唱，鱼的跳跃，还有桃花节，溜索，有人算过这其中的价值吗？一条江的形成，经过了地质上多少万年的演变、

怒族人家1

淘汰与存留，一个民族特色的形就，一种文化内涵的孕育，一个习俗的养成，又要多少代人的沿袭。而毁掉，却可能是一瞬

之间。”

怒族人家 2

怒族人家 3

紧接着，大批关于怒江两岸生物多样性和文化多样性的报道出现在媒体上。

考察队回到北京后，汪永晨于 2004 年 3 月 21 日那天自费开展了“情系怒江”摄影展。摄影展上所呈现的照片给很多市民带来了怒江原生态的视觉震撼。人们对怒江的了解更

为直观了。

汪永晨和绿家园志愿者先前的努力没有白费。2004 年 1 月，温家宝总理在发改委上报国务院的《怒江中下游水电规划报告》上亲笔批示："对这类引起社会高度关注、且有环保方面不同意见的大型水电工程，应慎重研究，科学决策。"当时正在怒江山谷中行走的汪永晨，得到大坝缓建的消息后，失声痛哭。这件事被中国媒体视为一个具有里程碑意义的事件，民间对于重大项目的声音，首次影响了中央决策。

发起"江河十年行"活动

2006 年 11 月 19 日，绿家园志愿者正式发起了一场"江河十年行"活动。活动计划用十年时间，从 2006 年到 2016 年走遍中国西南的江河，持续跟踪关注岷江、雅砻江、金沙江、怒江、大渡河、澜沧江等中国西部主要江河，忠实记录它们的变迁，系统考察江河水电开发与环境保护的关系，以及水电开发背景下这些河流沿岸百姓生产生活所发生的变化。他们想通过这个活动让更多的人知道西南的江河是中国最漂亮、生物多样性最丰富、老百姓也很富足的一个地方。

"江河十年行"活动在十年里选择十户人家，十个特殊景观和十条江河的水质，在十年中，将把这些江河的生态景观及生活在这些江边民众的命运及人与自然之间的相互关系一同记录下来。活动的路线是：始于都江堰，沿着大渡河上到康定木格错，穿过雅砻江的锦屏峡谷、攀技花的二滩，然后走进云南的金沙

江、澜沧江、怒江。

2008 年，江河十年行进入第三年。这一年的活动分成了两次，一次是 10 月份的四川行，重点考察的是岷江、大渡河、雅砻江；12 月份是云南行，重点考察的是金沙江、澜沧江、怒江。

绿色北京

绿色北京，是一个发源于互联网的民间环保组织，由绿色北京志愿者发起，成立于1998年。

该组织成立后，致力于中国的环境保护事业，积极开展环境教育，组织志愿者开展环境保护行动，并通过各种方式，普及环保知识，以提高公众环境保护意识。此外，“绿色北京”还充分利用互联网传播环保理念，并结合“绿色北京“的活动计划，以网络为平台发起环保活动。

绿色北京标志

建立“网上基地”

“绿色北京环保网站”是国内最早的民间环保网站之一，于1998年，由“绿色北京”志愿者建立。该网站是“绿色北京”开展环保宣传和环保行动的一个重要阵地，不仅涵盖了丰富的环

保知识，也是环保志愿者的网上基地、绿色网友的精神家园。“绿色北京”充分利用互联网的优势，聚集绿色力量、传播绿色文明。

“绿色北京环保网”有一个比较特殊的版块叫“网络绿色社区”。该社区为众多志愿者提供了一个互动的网络交流平台，“绿色北京”环保志愿者在这里交流思想、分享经验，同时也是他们协商并携手进行环保行动的重要基地。“绿色北京”的很多活动都是由这个社区发起的，因此，该社区是国内最具活力的环保主题虚拟社区之一。

拯救藏羚羊项目

2000年4月16日，为唤起更多的对藏羚羊保护的关注和支持，“绿色北京”发起了“拯救藏羚网站同盟”。国中、新浪、化云坊、东方网景、焦点、洪恩在线等多家网站自发加入“拯救藏羚网站同盟”。同时，“绿色北京”的志愿者自己设计了海报、宣传彩页、文化衫、纸贴进行发放和宣传，在他们的号召下，27所高校环保志愿者们联合开展了“拯救藏羚羊”高校巡展、讲座、募捐等活动。拯救藏羚羊巡展先以首都各高校为基地，随后又在外地开展，在宣传活动中“绿色北京”积极与外地热心人士和单位联系，并为他们提供展板和宣传资料支持。在活动中，各地网友自发在网上以拯救藏羚羊为主题共同作词谱曲，2000年10月，“绿色北京”网友集体创作的歌曲《失火的天堂》诞生了。之后该曲多次在各种公益活动中演出，这也是中国第一首来自民间的具有明显活动主题的公益环保歌曲。

“绿色北京”的这次活动使藏羚保护在互联网上、在国内外引起广泛的关注，并在高校掀起一股拯救藏羚羊的浪潮，各地的高校环保组织纷纷响应。“绿色北京”还为拯救藏羚募集了资金，这为后期的拯救藏羚羊起到了很好的铺垫作用。

为了让公众更多的了解藏羚羊的处境，“绿色北京”还邀请了战斗在一线的野牦牛队队员通过互联网与全国网友进行交流，并通过电视台进行现场直播。在现场交流中，网友们更直接地从第一线的战斗者口中获取了前线资料，并知道怎样才能更好的帮助他们。网络与现场交流相结合，取得良好效果，广州、南京等地的志愿者从网上获取关于藏羚羊的资料后，迅速的配合北京的宣传开展拯救藏羚羊的活动。

“绿色北京”在拯救藏羚羊的活动中发挥了不可忽视的作用。

开展“绿色讲座”

2000 年 11 月，“绿色北京”环保志愿者们和北京晚报科教部“知本讲座工作室”合作，开展了“知本讲座与环保论坛”活动，活动通过讲座交流等多种形式，和关注环境保护人们一起，讨论热点环境问题，邀请专家讲授环保知识，并针对环保话题展开了多方面的讨论。志愿者们从虚拟网络社区走入了现实的环保论坛，进行台上台下互动交流，他们一起探讨了如何为环保开展更有实效的工作。

“绿色电力”项目

为促进“绿色电力”在中国的实施，2001 年 1 月 4 日，“绿

色北京”与天恒可持续发展研究所、北京地球村共同合作开展了中国绿色电力项目。

知识链接

“绿色电力”是利用特定的发电设备，如风机、太阳能光伏电池等，将风能、太阳能等可再生的能源转化成电能，这种方式生产电力的过程中不产生或很少产生对环境有害的排放物（如一氧化氮、二氧化氮；温室气体二氧化碳；造成酸雨的二氧化硫等），且不需消耗化石燃料，节省了有限的资源储备，相对于常规的火力发电更有利于环境保护和可持续发展。

2001 年 3 月 2 日，“绿色北京”在清华大学结合“绿色北京携手绿色使者陈琳——歌声呼唤绿色奥运”活动，与清华大学绿色协会合作，共同推广绿色电力理念；2001 年 3 月 15 日，“绿色北京”为了扩大宣传面和影响力，设计制作完成了绿色电力的网站；2001 年 4 月 7 日，“绿色北京”与国际环境影视集团中国项目一起在北京国际环境影视节放映活动中，开展了“可持续发展能源和绿色电力”的宣传；2001 年 4 月 22 日，志愿者在地球日这天走进小区开展绿色电力的宣传咨询。

户外环境教育

2001 年 3 月 10 日，“绿色北京”组织志愿者前往麋鹿苑参观——看鹿、观鸟、凭吊灭绝动物、游玩、体味自然、做义工，并邀请环保教育家郭耕带领大家做生态小游戏，通过轻松愉快的

游园式的活动，使大家学到了不少关于大自然、植物、动物，以及与生态环境息息相关的知识，志愿者们在繁忙的工作与压力中与大自然亲近的接触，认识到自然对生存环境和健康的重要性。

植树活动

2001 年 3 月 31 日，“绿色北京”发起了“网聚绿色力量，共植绿色家园”活动，志愿者纷纷报名，他们在“绿色北京”的组织下集体到了北京顺义区荒山植树。大家干劲十足，热火朝天，一天植了 150 棵左右的树。

2008 年 3 月 22 日和 4 月 5 日，“绿色北京”又组织志愿者们去北京顺义区焦庄户地道战遗址附近的荒山植树。

经过亲身参与，志愿们都在这几次植树活动中通过眼中所见，对绿化荒山有了更直观的认识，增强了环保意识。

志愿者在参加植树活动

观后感征集活动

2001年4月7~8日，“绿色北京”开展了“2001北京国际环境电影节”观后感征集活动，活动通过组织志愿者观看环保教育影片，以鼓励环保文学的创作，并在网上发表，通过寓教于乐的方式，让人们轻松的接受到环保科普知识，明白在日常生活中该怎么从身边做起，从哪些事着手做起，有些征文还被媒体转载，在网上传播。同时，“绿色北京”还与国际环境影视集团中国项目合作，结合“2001北京国际环境电影节”期间相关的影片宣传可持续能源和绿色电力，让人们对可持续能源和绿色电力有了更直观的认识。

绿色江河

绿色江河，全称是“四川省绿色江河环境保护促进会”，是在四川省民政厅正式注册的民间团体，成立于1999年，创始人是杨欣。

绿色江河标志

“绿色江河”成立后，致力于推动江河上游地区自然生态环境保护工作，并以提高全社会的环保意识与环境道德为宗旨，多次组织科学工作者、新闻工作者、国内外环保团体对长江上游地区进行系列环境科学考察；出版了多本宣传生态环境保护的书籍及美术、音像作品。推动了我国长江上游的可持续发展。

建立“索南达杰自然保护站”

1994年夏天，“绿色江河”发起人杨欣在长江源进行第五次考察和探险期间，通过与以前考察结果对比，发现长江源地区生

态环境的状况正在日趋恶化。原来，淘金者为了“发财”，蜂拥进入了可可西里，这些人一般是春天在解冻前成群结队进入可可西里，一直要等到年底封冻后才能出来，这期间除了自己带一些面粉外，肉食主要靠打猎，导致可可西里的野生动物迅速减少，地表植被遭到严重破坏，黄金大量流失。可可西里成了一个无法地区，淘金人各自为阵，占山为王。这一切都让杨欣感到无比愤怒和担忧，后来，他又在青海治多县听到老牧民讲起“野牦牛队”队长索南达杰为保护藏羚羊，倒在偷猎者枪下的故事后，他被索南达杰的壮举深深感动了。

人物链接

索南达杰，全名“杰桑·索南达杰”，是治多县索加乡人，生于1954年，1974年毕业于青海民族学院，毕业后要求返回治多县工作，从学校教师做起，先后担任过县文教局局长、索加乡党委书记、治多县县委副书记。索南达杰在治多县任县委书记时，亲眼目睹了可可西里正在逐渐地被破坏，因此对盗猎者更是深恶痛绝。1992年，在索南达杰的倡导下，治多县为制止日益猖獗的淘金、偷猎活动，成立了治多县西部工作委员会，索南达杰担任西部工作委员会书记。1994年1月18日，40岁的索南达杰带领4名西部工作委员会的成员，在可可西里泉水河附近抓获了20名盗猎分子，缴获了7辆汽车和1800多张藏羚羊皮，在押送歹徒行至太阳湖附近时，遭歹徒袭击，索南达杰在可可西里无人区与18名持枪偷猎者对峙时，被偷猎者的一颗子弹打中了大腿动脉，而

当时，索南达杰枪中的子弹却打光了，他又拿出一梭子弹，但怎么也推不上去。枪声停止了，偷猎团伙见索南达杰趴在地上一动不动，手里还握着枪，都不敢上前，十几个人钻进两辆小车猖狂逃命。索南达杰却保持着推子弹准备射击的姿势，流尽了最后一滴血，他被可可西里 -40℃的风雪塑成一尊冰雕。当人们在可可西里无人区找到他时，他依然保持着换子弹的姿势，嫉恶如仇的眼睛圆睁着。这是中国第一位为保护野生动物而牺牲的县委书记，他成为了藏民心中和所有热爱生命的人们心中的英雄。索南达杰生前说过这样一句话："在中国办事不死几个人是很难引起全社会重视的，如果需要死人，就让我死在最前面。"

杨欣从索南达杰的同事口中得知，索南达杰的愿望就是在可可西里建立一个自然保护站，作为反偷猎的前沿基地。原来，索南达杰生前一直在为建一个保护站而奔波，而这个站就设在昆仑山脚下的青藏公路旁边，将有效地控制淘金者、偷猎者进入无人区，但这个愿望至死也没能实现。

索南达杰同事的话深深震憾了杨欣，并且，让杨欣决定做一个改变一生的决定——完成索南达杰的遗愿，建一个自然保护站。于是，从 1995 年，杨欣便开始高度关注长江源的生态环境状况，在没有任何资助的条件下，杨欣通过半年的努力，成立了"保护长江源，爱我大自然"活动筹委会（"绿色江河"前身）。1995 年 8 月，"保护长江源，爱我大自然"活动在北京召开了专家论证会，广泛听取了专家、学者的意见后，活动随

之正式启动。而杨欣的身份也正在从一个探险家、摄影师向环保活动家转变，他希望通过民间的力量，在长江源建立起自然生态环境保护站，帮助当地政府开展反偷猎斗争，协助科学家进行长江源生态环境的综合考察，随后他便招募志愿者开展环境宣传、教育和培训，启动了长江源的民间生态环境保护工作。

1996年，在梁从诫的帮助下，深圳市政府资助“保护长江源，爱我大自然”活动30万元。“保护长江源，爱我大自然”活动筹委会于1996年5月，组织了24名科学家和记者，进行了中国首次长江源生态环境状况的专题考察，通过考察，他们第一次在中国全面报道长江源的生态环境问题，同时确定了长江源第一个自然生态环境保护站的位置，将中国民间第一个自然生态环境保护站以索南达杰的名字命名并为此奠基。

1997年，索南达杰自然保护站在筹集建设资金的过程中遇到极大的困难，于是，杨欣把自己5次探险的经历写成了一本书——《长江魂》，并通过四处义卖书籍筹集建设保护站的资金。当年9月4日，12名以工程技术为专长的志愿者先后到达可可西里。他们与治多县西部工委的工作人员一道，克服高寒缺氧的困难，依靠最简陋的工具，完成了索南达杰自然保护站一期工程的建设。9月10日，长江北源可可西里无人区的上空第一次升起了五星红旗，索南达杰自然保护站建成了！它成为了中国民间，也是长江源头第一个自然环境保护站。

索南达杰自然保护站一期工程建成后，立刻成为治多县西部工委反偷猎的最前沿基地，扼守住了进入可可西里的两条主

要通道。由于资金有限，索南达杰自然保护站当时非常简陋。冬季，保护站的室内温度接近－30℃，反偷猎队员依然在此固守。

索南达杰自然保护站

1998年8月，“保护长江源，爱我大自然”活动筹委会通过义卖书的收入和社会各界的支持，又招募了30名志愿者来到可可西里，对索南达杰自然保护站进行了二期工程建设。

索南达杰自然保护站在二期建设过程中，不仅为可可西里反偷猎行动提供了一个基地，同时成为了可可西里与外界沟通的桥梁。许多记者和环保人士从索南达杰自然保护站走进了可可西里，开始关注藏羚羊的命运。

为了让长江源得到更有效的保护，1999年，杨欣在四川注册成立了“绿色江河环境保护促进会”（以下简称“绿色江河”），以民间社团形式推动长江源的生态环境保护。从此，杨欣更是全身心地投入到环保事业，关注着长江源的命运。

1999年，索南达杰自然保护站进行第三期工程建设，保护站的设施进一步完善。为了让各级政府和社会各界更深刻地了解长

江源的生态环境现状，促进长江源生态环境保护进程，在“绿色江河”倡导下，在国家环保总局、中国科学院、国家测绘局等部门牵头下，长江源环保纪念碑在长江源区的沱沱河建立了，江泽民题写了碑名。这一年，“绿色江河”还组织了科学家队伍，对长江源头各拉丹冬周围的冰川、植被、牧民生活状况等进行综合考察，为进一步促进长江源生态环境保护进程奠定基础。

长江源环保纪念碑

藏羚羊迁徙保护项目

2001 年，“绿色江河”从全国众多志愿者中选拔出 30 名志愿者分 12 批次进行了 53 次野生动物调查，第一次科学系统地记录了青藏公路沿线 100 公里野生动物的种群及迁徙情况，“绿色江河”根据志愿者调查记录，完成“五道梁到昆仑山口的野生动物调查报告”和“关于青藏铁路施工单位基地选址及铁路建设分段施工的建议书”，并报国家环保总局、国家林业局、青藏铁路总指挥部等有关单位。

2002年，青藏铁路工程在长江源区数百公里的范围内全面展开，藏羚羊产羔期间的迁徙路线继青藏公路之后，第二次遭受人为的阻挡。之前，从昆仑山口到五道梁之间的100公里，都是藏羚羊跨越青藏公路的主要迁徙通道，但是由于铁路的施工、公路的大修，迁徙通道被压缩到楚玛尔河以南仅10余公里的范围内。"绿色江河"随即启动了"藏羚羊迁徙保护项目"，志愿者的主要工作是通过持续观察、记录、分析，确定藏羚羊迁徙的规律，向有关单位提出相应的建议，帮助藏羚羊完成青藏公路的东西跨越。

知识链接

藏羚羊的活动很复杂，某些藏羚羊会长期居住一地，还有一些有迁徙习惯。雌性和雄性藏羚羊活动模式不同。成年雌性藏羚羊和它们的雌性后代每年从冬季交配地到夏季产羔地迁徙行程300公里。年轻雄性藏羚羊会离开群落，同其它年轻或成年雄性藏羚羊聚到一起，直至最终形成一个混合的群落。藏羚羊生存的地区东西相跨1600公里，季节性迁徙是它们重要的生态特征。因为母羚羊的产羔地主要在乌兰乌拉湖、卓乃湖、可可西里湖，太阳湖等地，每年四月底，公母藏羚羊开始分群而居，未满一岁的公仔也会和母羚羊分开，到五、六月，母羊与它的雌仔迁徙前往产羔地产子，然后母羚又率幼子原路返回，完成一次迁徙过程。夏季雌性藏羚羊沿固定路线向北迁徙，6~7月产仔之后返回越冬地与雄羊合群，11~12月交配。只有少数种群不迁徙。

2002年6月，可可西里东部的藏羚羊开始产羔前的长途迁徙，途中在楚玛尔河一线受到铁路施工工地和青藏公路的阻挡，青藏铁路施工单位参照“绿色江河”2001年完成的《昆仑山口到五道梁的野生动物调查报告》和《关于青藏铁路施工单位基地选址及铁路建设分段施工的建议书》，采取了分段施工和短时间内停工方案。同时，“绿色江河”志愿者配合铁路施工单位和可可西里保护区管理局拔掉了部分施工现场的旗帜和一些显眼的宣传牌，尽全力给藏羚羊创造迁徙的条件。虽然采取了相应措施，但还是有部分藏羚羊被滞留。

迁徙中的藏羚羊

2002年7月，“绿色江河”志愿者在青藏公路2988公里附近观察到有700多只藏羚羊没有能跨越公路前往藏羚羊传统的产羔地，而是在公路附近就地产羔。2002年7月底，为更进一步了解藏羚羊迁徙的规律，“绿色江河”把藏羚羊迁徙规律的调查周期从7天一次增加到3天一次，最后到每天进行一次，并且把调查的重点放在楚玛尔河两岸。同时，重庆交通学院的大学生志愿者对青藏公路上行驶的车辆统计，24小时的通车率平均每小时达100多辆，其中青藏铁路施工的工程车辆约占了大半。针对藏羚羊迁徙受阻的状况，在咨询有关专家之后，8月6日，“绿色江河”志愿者拟出了《关于为保证藏羚羊顺利迁徙急需采取措施的建议书》，当天送达青藏铁路的第十二工程局，建议在藏羚羊迁徙季节期间的8月8日到18日的10天中，

每天早上6点30到7点30分，下午的7点30到8点30，在青藏公路2884到3000公里之间，工程车辆停止行驶，帮助藏羚羊顺利跨越公路。

在递交了建议书后仅三小时，铁十二局就拟定好的《关于采取紧急措施确保藏羚羊顺利迁徙的通知》下发到各工地执行。青藏铁路施工的期限很紧，受气候的影响，每年只有6个月能够施工，但为了藏羚羊的保护，铁路局基本上采纳了“绿色江河”这个民间环境保护组织的全部建议。

2002年8月8~8月18日，大多数铁路的施工车辆都按要求的时间段停止运行了，但青藏公路的车辆还在继续，作为民间环保组织的“绿色江河”没有执法权，不能象警察一样强行让车停下，但又不能眼看着藏羚羊的迁徙受阻。为了藏羚羊帮助藏羚羊迁徙，每天的凌晨四点，志愿者们便顶着寒风出发，在日出前赶到离保护站三、四十公里外的楚玛尔河畔，在藏羚羊迁徙通道两端拦一个小时的车。他们打着“绿色江河”旗子和广州大学生志愿者的队旗在晨曦中向着来车挥手，车停后，对每一位司机说“我们是索南达杰自然保护站的志愿者，前面的藏羚羊要过公路，你能把车停下等一小时（或几十分钟）吗？藏羚羊将祝你一路平安。”随即送给司机一个中国结的藏羚羊平安符，一张动物的不干胶贴画。几乎所有的司机都接纳了他们的请求和宣传品。停车期间，有部分藏羚羊在他们的帮助下成功跨越了青藏公路和青藏铁路施工工地。

由于2003年藏羚羊迁徙保护项目的成功实施，使“绿色江河”找到了有效的保护途径。2004年，“绿色江河”继续在可可

志愿者帮助藏羚羊迁徙

西里地区实施了“藏羚羊种群数量调查及迁徙保护”项目。项目开展期间，他们记录了长江源头地区青藏铁路、公路沿线100公里范围藏羚羊分布、迁徙和数量情况，通过为藏羚羊清理迁徙路障、青藏公路拦车等方式，多次协助迁徙中的藏羚羊通过铁路和公路，并在青藏公路上设置了中国第一个野生动物通道临时红绿灯，仅2004年6月~7月就护送了2000多只藏羚羊通过青藏铁路和青藏公路，使藏羚羊的保护更为人性化，在社会上产生很大的影响，对中国的野生动物保护起到一定的推动作用。

青藏公路沿线环保宣传

2002年，在国际爱护动物基金会的资助下，“绿色江河”印制了24000张藏文和汉字对照的青藏高原野生动物的不干胶粘卡通贴画，贴画受到当地藏族和其他各民族、各阶层群众的欢迎；

针对来往西藏和青海间的游客，他们还印制了5000份精美的青藏公路旅游手册，将环保理念以游客注意事项等形式融入手册之中，起到良好的宣传效果；针对青藏公路上的司机，他们还专门制作了2000个藏羚羊图案的中国结平安符，并印上“藏羚羊祝你一路平安”的字样。

“绿色江河”通过这些特别的纪念品，把保护环境的理念，以一种喜闻乐见的形式传达给不同人，对当地人、游客、青藏铁路建设者环保意识的提高，起到一定的促进和督促作用。

志愿者在青藏公路沿线环保宣传

青藏公路沿线水资源及垃圾调查

2003年8月到10月，为最终解决可可西里地区的垃圾处置问题，“绿色江河”和大学生志愿者联合对青藏公路昆仑山口到唐古拉山口400公里的青藏公路两侧和沿途的居民点的垃圾进行

了全面调查，同时也对当地的淡水资源和使用情况进行了调查，完成了《长江源头地区公路沿线垃圾问题调查报告》、《长江源区居民用水情况调查报告》等，分析了垃圾现状，产生原因和危害，提出了将垃圾通过铁路剩余运力运致格尔木集中处理或就地处理的建议，在此基础上完成了“关于青藏公路、铁路沿线居民点垃圾收运处置的建议”，并上报给国家有关部委。

青藏铁路沿线的垃圾

长江源冰川退化监测

“绿色江河”通过10年的努力，使长江源生态环境和藏羚羊的命运终于受到政府和社会关注。但是人们对长江源地区的环境关注热情还是不够。为了让人们了解长江源的生态环境状况，自觉参与到保护长江源的生态环

2005 年长江源冰川标志牌

境中来。“绿色江河”为了直观地记录冰川的变化，2005年“绿色江河”的志愿者走进雪山、沼泽，经历了暴雪、严寒、高原反应，终于在2005年5月10日在海拔5400米的长江源头姜古迪如冰川上竖立起长江第一座冰川标志碑。同时启动了为期5年的观测和考察活动，5年中每年安置一个标志碑，碑上记录冰川退缩的速度。除了为科学研究提供直接的参照物以外，也提醒社会公众对长江源头生态环境的关注。

根据“绿色江河”2005到2006年记录的比较，姜古迪如北支冰川大约后退了3米。

风雪中汽车被陷

2009年5月4日，“绿色江河”志愿者第4次踏上了长江源岗加曲巴、姜古迪如冰川的考察之路。全程22天的考察，考察队员在岗加曲巴冰川被暴风雪围困4天，食物严重缺乏，风雪中汽车被陷20多次，举步维艰。“忧虑地球，忧虑长江。”这是他们在2009冰川标志牌上写下的沉重话语。

2009年长江源冰川标志牌

志愿者们克服种种困难，终于在2009年5月20日到达了目的地，将一块2009年的标志牌竖立在了姜古迪如冰川前，与前三次的标志牌一起记录着冰川的变迁。标志牌显示，2009年与2007年数据相比，冰川整体退缩了1米。

《亲历可可西里十年》图书义卖活动

“绿色江河”为了筹集资金用于建立中国民间的第二个自然保护站——岷江站。2005 年 6 月 2 日，六五世界环境日的前夕，在北京三联韬奋图书中心将一本完全由“绿色江河”在可可西里的志愿者完成的书《亲历可可西里 10 年——志愿者讲述》进行了首发和义卖活动，前来活动的有国家环保总局的领导，在北京的国际、国内民间环保组织的代表、知名环保人士、大学生环保团体的代表等。

2005 年 6 月 5 日，该书在上海、深圳、广州、长沙、重庆、成都、福州、西宁、武汉 10 个城市同时进行了义卖活动，各城市的媒体对此事进行了报道。之后，温州、珠海、中山、东莞、宜宾等城市的志愿者们也纷纷加入了义卖和宣传的行列。志愿者们在网络上发布义卖消息，并在城市的户外店、宾馆、书店、书吧等设立各个义卖点，同时走进学校、企事业单位和社区，围绕

杨欣签名售书

“亲历可可西里10年——志愿者讲述”这一主题，举行图片展、环保讲座和义卖活动，并取得了良好的宣传效果。

知识链接

《亲历可可西里10年——志愿者讲述》是“绿色江河”志愿者在可可西里的亲身经历、真情实感铸成的文字，他们的讲述让读者能触摸到可可西里的真实，让读者感到康巴汉子真枪实弹血性男儿的顽强与坚韧；同时，300多名志愿者在可可西里脚踏实地的无私奉献，又让身在城市里的人找到了一个精神上的绿色支点。此外，这本书的义卖不仅只是让人们了解可可西里10年来的变化和志愿者的亲身经历及所见所闻，更重要的是，通过这本书的义卖筹款，“绿色江河”将在长江上游建立中国民间的第二个自然保护站。

杨欣在这本书中写道“在你拥有这本书的同时，你已经为长江上游的生态环境保护献上了一份爱心。本书的义卖收入将全部用于中国民间第二个自然保护站的建设。”

成都雨水口调查宣传项目

雨水口是管道排水系统汇集地表水的设施，由进水箅、井身及支管等组成。分为偏沟式、平痹式和联合式。而城市街道边的雨水口是不经过污水处理厂而直通河流的，对雨水口的污染就是对河流的污染。由于公众几乎都没有接受过关于城市雨水口的环境保护宣传，大多数人不知道雨水口是什么，更不知道雨水口是

不能倾倒污水的地方。因此，城市雨水口成为了一个很容易被忽视的河流水环境的污染源。

2006年，“绿色江河”联合了7所大学的环保社团，对成都市区的雨水口污染情况进行了普查，并就普查情况向成都市的相关政府部门进行了汇报；2007年，“绿色江河”继续携手成都7所高校的环保社团，在7所大学和20所中小学开展了青少年雨水口认知程度调查。调查结果显示，超过80%的青少年不知道雨水口的概念。

为了让人们知道关于雨水口的常识，2008年，“绿色江河”走进了更多的学校、政府机关、媒体，开展雨水口的知识普及活动，让更多的人了解了雨水口，通过活动，成都人把爱护和保护雨水口变成了一种自觉的行为。

青藏铁路列车环保宣传

2006年7月，青藏铁路通车之际，为了减少游客对青藏高原环境的破坏，“绿色江河”启动了“乘青藏铁路列车，做高原绿色使者”的环保宣传项目，招募志愿者在格尔木车站、拉萨车站和青藏铁路列车上对进藏游客进行广泛的环保宣传，力求减少游客在高原污染的扩散。

2006年7月11日，是“绿色江河”志愿者在格尔木车站的站台正式开展宣传的日子，由于受进藏列车车次数量和出藏列车到达时间的限制，每天的宣传工作都是从早上6点到8点多进行。2006年7月11日，一直到8月10日的31天中，每天凌晨5

点志愿者们便准时起床，背着大包的书籍和宣传品，从驻地长江宾馆步行至火车站站台。6点，志愿者在露天站台布置好“工作站”后，列队等候由北京、兰州、西宁、成都、重庆等方向进藏的列车。志愿者身着整齐的橙色制服，向旅客真诚地挥手、微笑，成为格尔木车站一道亮丽的风景线。火车一停稳，旅客纷纷下车询问，志愿者也就随即开始了一天的环保宣传工作。

“您好！我是民间环保组织‘绿色江河’的志愿者，我们在可可西里从事生态环境保护工作，我们是配合青藏铁路开通做环保宣传的，欢迎您来到青藏高原，这是送给您的青藏铁路绿色旅行指南，请您及早阅读，上面除了青藏铁路沿线的风光景点介绍外，更主要的还有一些青藏高原野生动物介绍和在青藏高原旅行时在环保方面需要注意的事项。大家都知道，青藏铁路从修建到运行，国家在环保方面投入了很多经费，也做了很多工作，但是，在现代化列车驶入青藏高原，给那里带来繁荣的同时，也给那里带来新的延伸污染，我们每一个游客包括我自己来到这里都是一种潜在的污染源，我们每天的吃喝拉撒以及我们的生活习惯和一些不经意的日常行为都将对青藏高原本已非常脆弱的生态环境构成更大的压力，要减少和消除这些潜在的环境污染源，除了国家重视外，我们每个公民也应该积极行动起来。做为进藏的游客，您只要做到下面这几点，就已经是对青藏高原的环境保护做出贡献了：尊重当地的民风民俗；不乱扔垃圾，随手准备一个垃圾袋，把垃圾带回到酒店或有垃圾处理能力的地方；不要吃野生动物，不要购买野生动物制品……谢谢您，希望您也能成为一位

绿色的使者，把这颗绿色的种子在你们身边传播下去，如果您看完了这份小册子后不需要了，劳驾您把它传阅给下位游客，谢谢您的理解和支持，祝您一路平安！……”

这是志愿者们在格尔木和拉萨两地车站展开的站台宣传。

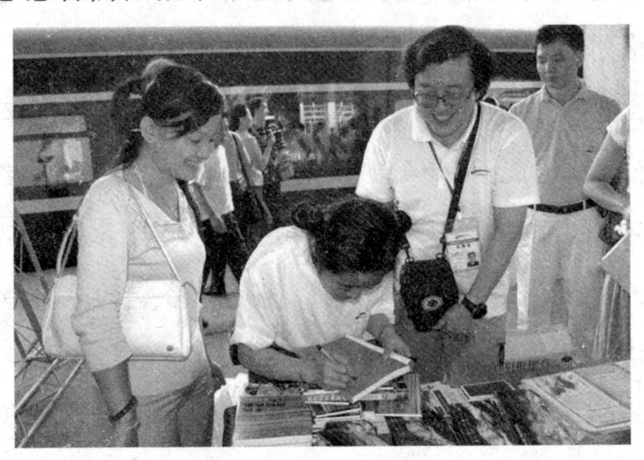

志愿者向旅客宣传环保

在一个月的时间里，志愿者们就是以满腔的热忱、真诚的微笑和谦恭的态度去感染每一个游客。因为志愿者们的行动赢得了大部分游客的认同和赞誉，许多游客纷纷表示希望加入志愿者行列，也为青藏高原尽自己的责任和义务。

由于列车车票紧张，志愿者无法保证每天都能购买到车票，列车车厢的宣传是不定期地在往返格尔木和拉萨的列车上开展的。2006 年 7 月 13 日，在媒体及各方友人的支持和格尔木车站的帮助下，青藏铁路列车环保宣传项目组终于自费购到了七张格尔木至拉萨的硬坐车票。这一天，七位志愿者拿出了十年来在可可西里恶劣自然环境中培养出的韧性，在车厢中采取面对面的交流方式，向游客讲述可可西里的环保故事，赢得了游客们的理解

和尊敬，为我国的列车环保宣传摸索出一条宝贵的路子。到了2006年8月10日，所有志愿者都先后登上了去拉萨的列车，在每一节车厢里宣传环保知识，派发宣传资料，向游客讲绿色江河，讲索南达杰，讲保护站，讲发生在可可西里的可歌可泣的故事以及在西藏旅游时环保注意事项。对车窗外偶尔掠过的藏原羚，游客大多很惊喜，高呼藏羚羊，这时志愿者会及时把口袋里随时装着的粘贴画拿出来告诉大家藏羚羊和藏原羚的区别，在向游客讲解野生动植物知识的同时把环保的理念融合进去。

到目前为止，志愿者回到各自工作生活的地点后，先后在成都、重庆、温州进行了多场义务演讲，广州和深圳的志愿者在广州至拉萨列车开通之际，到广州车站站台进行宣传，青藏铁路环保宣传的理念在许多城市中得到延伸。

四川藏内羌地区乡村旅游的污染水和垃圾处理调查

中国西南山地快速的旅游发展与脆弱的生态环境之间的矛盾正在加剧，为了保护江河上游的生态环境，同时促进西部民族地区的旅游业持续发展，“绿色江河”对四川藏内羌地区乡村旅游的污染水和垃圾处理进行了调查。调查中，“绿色江河”在对游客进行宣传教育的同时，对旅游村寨原住民的生活方式和基础设施的建设也进行了一定的资金投入，以促进该地区的旅游与人居环境的协调发展。

在尊重并协调当地人意愿的基础上，“绿色江河”选择了几个旅游的民族村寨修建了垃圾和污水处理的小型示范设施。经过前期准备和调查后，他们将岷江上游处于旅游开发初期的藏（羌）族村寨作为示范工程的项目点，并利用志愿者的专业优势，选择1～2个村寨中2～3户开设家庭旅馆的家庭，对厕所等接待设施进行改造，建立相应的小型垃圾和污水处理设施，帮助村寨的家庭旅馆建立适用经济处理技术示范工程，以鼓励村民参与设施建设和后期管理，实现节能、清洁的旅游设施示范，从而协助政府进行示范工程的推广。

移民村项目

2007年7月，“绿色江河”先后安排了两批志愿者分别对青海省格尔木市南郊曲麻莱县驻格尔木移民村（以下简称“移民村”）村民开展了各方面的培训。“移民村项目”培训主要针对全村的老人、妇女及儿童，在8天的培训中，共有640多人参加。

共有来自成都、深圳、广州、北京、上海、长沙、重庆、兰州、襄樊、绵阳10个地方的，从事各种职业的25名志愿者先后参与了“绿色江河”的这个项目。

在对移民村入户调查的过程当中，“绿色江河”志愿者根据现有移民村现有的行政分队情况，通过与村民进行深入的交流沟通，详细记录每个家庭的具体情况，共计完成该村村民家庭的基本情况、社区生计、医疗、民政、计划生育等，包括常住及暂住人口、适龄及育龄妇女数量、适龄儿童及在校学生数量等7大方面 54 个小项的数据统计。此调查不仅为每个家庭建立了电子化的家庭档案，极大地方便了政府的办公和管理，同时也让昆仑民族文化村管委会更清楚的了解本村村民及家庭的基本情况，更好的掌握村民的居住现状、动向，为村民在改善生产、生活条件，并找到一种适合这些特殊移民谋求生计的模式提供了科学的数据。

“绿色江河”还为移民村建立了网站，在网站建设工作中，来自深圳的志愿者仅用了三天时间，便制作完成一个高水准的网站；来自北京和成都的志愿者在继续丰富网站内容的同时，利用空余时间将最简捷方便的电脑操作和网站维护方法传授给文化村的工作人员，并针对工作人员不同的实际文化素养分别进行了计算机知识的普及以及网络基本技术的培训等。。

在《语言及城市基本常识》培训活动中，来自上海、重庆以及来自广州、湖南的志愿者们利用自己的专业特长，针对移民特殊的教育背景，进行了关于医疗、健康、卫生、购物、劳动、理财、饮食常识等多方面的培训。

在基本生活技能的培训中，兰州铁路公安分局与湖北襄樊铁路公安分局的两位民警以“绿色江河”特别志愿者的身份对移民村村民进行了《社会治安管理与防范》为主题的培训。这些培训内容不仅开拓了村民们的视野，增进了他们适应城市的能力，提高了其法律及消防安全意识，同时也拉近了他们和志愿者之间的距离。

“发展旅游经济，弘扬藏族文化”，一直是曲麻莱三江源移民

村工作的重点。在志愿者当中，来自广州与成都的两位旅游管理与规划专业毕业的志愿者共同担任着此次活动旅游产品开发与规划方面的重任。她们常与嘛尼石雕刻工匠一起共同探讨嘛尼石等旅游纪念品的设计与制作，并将之前各自收集的嘛尼石图案与工匠们进行交流、传阅，并通过举行旅游产品开发的头脑风暴，让其他志愿者和移民村官员们共同参与到活动当中去，共同完成了当地旅游产品的开发与规划方案。

通过两批志愿者在移民村的努力，他们与管委会工作人员、移民村村民之间建立了深厚的友谊。志愿者回到当地后，积极宣传，并把这段经历告诉身边的人，号召更多人关注移民村，移民村受到了社会各界的关注。

筹备建设第二个自然保护站

1997 年，“绿色江河”通过图书义卖筹款，在可可西里建立了中国民间第一个自然保护站——索南达杰自然保护站。12 年来，“绿色江河”通过招募志愿者，派往索南达杰自然保护站，围绕“藏羚羊保护”、“青藏铁路环境保护”、“长江源生态保护”等开展了一系列项目，推动了长江源生态环境保护和藏羚羊保护的进程，成为青藏高原生态环境保护的旗帜和象征。

索南达杰自然保护站的成功，在于把“青藏高原”、“长江源”、“可可西里”、“藏羚羊”、“青藏铁路”等一系列最受中国人关注的新闻热点融在了一起，为社会转型期中的中国人抒发绿色环保的公益情感提供了一个平台。

12 年来，可可西里、藏羚羊倍受关注的程度经久不衰。

但是，12 年来，索南达杰保护站一直是中国民间惟一的一个自然保护站，因此，“绿色江河”在总结第一站的基础上，计划在西南山地建立中国民间第二个自然保护站。

第二站确定在中国的西南山地，这里是全球 25 个生物多样性热点地区之一，是中国生物多样性和文化多样性最丰富的地区。拥有金沙江，嘉陵江、岷江、大渡河、雅砻江、澜沧江、怒江等大河，其中任何一条河流的水量都超过黄河；梅里雪山、贡嘎雪山、玉龙雪山、四姑娘山雪宝顶等系列雪山终年积雪；拥有大熊猫、小熊猫、金丝猴、羚牛等中国最珍惜的野生动物；拥有 20 多个少数民族和他们丰富的民族文化。西南山地被誉为“中国最后的香格里拉”。

西南山地的长江上游是中国仅次于东北林区的第二大林区，几十年的商业砍伐后，这里水土流失日趋严重，长江洪水频繁发生，直接影响了长江中下游的安全。1998 年长江洪水后，中央停止了长江上游天然林的砍伐，实行退耕还林。之后，地方政府为了发展经济，长江上游开始进入了旅游开发、矿产开发、水电开发时代。长江上游生态环境的可持续保护和经济的可持续开发成为政府和社会关注的焦点和难点。

第二站将以保护站为基地，开展青少年环境教育、保护区管理人员相关知识培训、生态旅游示范、国际间环境保护交流等系列项目。同时，通过 5 年的努力，摸索和总结一套民间自然保护站环境保护教育、培训的模式，并与政府合作，在西南山地的自

然保护区和国家公园中建立更多的保护站，为当地政府提出的构建长江上游生态屏障提供民间的支持。

第二站的资金主要来自“绿色江河”志愿者所著的《亲历可可西里十年——志愿者讲述》和杨欣所著的《中国长江》图册的义卖收入。

绿 眼 睛

绿眼睛，全称是“绿眼睛环境文化中心”，该组织是中国最活跃的以“野生动物与自然保护”为使命的民间环保团体之一。“绿眼睛”成立于2000年，发起人是当时年仅17岁的方明和。“绿眼睛”于2003年获得了民办非企业的注册身份，方明和担任法人代表。

绿眼睛标志

“绿眼睛”成立后，开展了野生动物保护执法支持、濒危动物救助、公众宣传教育、自然栖息地保护等项目。并于2006年发起全国项目，项目以温州为总部，向全国发展分会。新成立的分会已经成为当地最为重要的民间环保力量之一。

保护野生动物

2000年秋季，在方明和的倡导下，十几个志同道合的中学生

怀着对大自然的热爱和对环境问题的担忧，创立了青少年自然考察队。并在第二年加入国际环境教育项目“根与芽”时，正式更名为“绿眼睛”。

“绿眼睛”成立后，志愿者们在完成学业的基础上，利用业余时间进行了许多环保活动。他们通过与“自然之友”、香港地球之友和北京“根与芽”组织的交流和沟通，获得了很多环保知识和信息，还收集了近万份的环保新闻简报，购买大量书籍、音像资料，将整理出的资料在小组内部交流。在活动过程中，志愿们对环保有了更深层次的认识，懂得了人类应该尊重大自然。

绿眼睛成员

“绿眼睛”的成员们学习环保知识的同时，在认知程度上都有了很大提高，并且在保护野生动物方面起着积极地带头作用，他们以实际行动参与保护野生动物的活动，曾多次冒着危险劝阻捕杀野生动物的盗猎者，冒雨跟踪贩卖野生动物的不法分子，并为执法部门提供了线索。2001 年，为了让更多的人理解和保护野生动物，“绿眼睛”在浙江省苍南县县城广场举办了爱鸟周图片展和签名仪式，活动取得了很大的反响。

2002 年 4 月 21 日，“绿眼睛”野保队接到群众举报，在浙江省苍南县龙港镇平等乡有人私自架设鸟网捕鸟。当天野保队的志愿者就前往现场进行调查，在现场发现三张鸟网。志愿者马上联系了当地的林业站。

次日清晨，野保队的三名志愿者与苍南县森林公安科、龙港

林业站等同志一起前往平等乡。他们刚拆完三张鸟网，又接到群众举报，在不远处的鱼塘边上也有鸟网。志愿者与森林公安们便随即赶往那个鱼塘，大家发现，竟有四张大网将整个鱼塘包围住，形成一个网墙。在公安森林人员的协助下，志愿者们将这四张长达两百多米的鸟网拆除。

志愿者们正在拆除鸟网

在林业站的工作人员和绿眼睛的努力下鸟网终于拆除了

2006年的6月，浙江省永嘉县乌牛镇杨家山村发生了一起鹭鸟盗猎事件，6名安徽籍盗猎者疯狂盗猎600多只小夜鹭。当天，盗猎者被永嘉县林业公安部门扣留，而600只夜鹭的幼雏却不知如何处理。“绿眼睛”获悉后，立刻组织人员赶往事发地，在闷热无比的夏日，“绿眼睛”的志愿者顶着40℃高温对整座山进行地毯式的搜救。经过不懈的努力，他们救助了210条小夜鹭的生命。在20天的细心呵护下，小夜鹭终于可以独自飞翔了。

2007年11月，4只国家二类保护动物白天鹅飞抵福建省福鼎城关的桐山溪越冬，仅逗留一天一只成年的雄性白天鹅便遭到偷猎者猎杀。与此同时，附近村民还以围捉、投石子的方式惊扰白天鹅的生活。案发当晚，“绿眼睛”志愿者立即赶往福建省福鼎市。到达目的地后，他们便开始昼夜守护，不仅两眼紧盯3只白天鹅，还时刻关注围观群众的举动。每次轮班，他们就得守上两天一夜，三十多个小时几乎寸步不离。守护期间，“绿眼睛”志愿者陈法琳与伙伴们印刷了2万份白天鹅保护的宣传单，分发给现场的福鼎市民，并详细解说保护白天鹅的注意事项。12天的精心守侯，直到3只白天鹅飞走后两天，“绿眼睛”志愿者们才安心撤回温州。

为了更好地打击野生动物非法贸易行为，“绿眼睛”于2009年2月开通了全国野保热线（40088 05110），重点接受华南地区野生动物非法贸易举报及野生动物保护咨询工作。大家亲切地称它“动物110”，这是国内民间组织开通的第一个野保热线。

环保宣传活动

组织环保自行车队，带着自己制作的环保宣传图板到各地宣传是“绿眼睛”志愿者的定期活动。他们在浙江省温州市苍南县云岩乡挨家挨户宣传环保、发放宣传资料、回收废电池、组织人员清扫街道。在活动中，他们发现云岩乡竟然没有垃圾箱，没有固定的清洁工，于是大家便集资购买了两个垃圾箱放在了街道上。并将有关情况向乡政府报告，引起乡政府的重视，后来，云岩乡专门雇用了2名清洁工负责环境卫生工作。

此外，组织成员和志愿人员在公园、社区清洁环境是“绿眼睛”的另一项固定工作。在他们所居住的小区里，居民环保意识并不高，地上、角落里随处可见果皮、塑料袋以及各种杂物，没人打扫也没人管理。“绿眼睛”就把周围环境做为自己的卫生责任区，清理死角卫生及垃圾堆，在他们带动下，社区居民也行动起来，社区的面貌焕然一新。为了进一步美化环境，他们还在清理干净的角落里种上了树木花草。“绿眼睛”开展清洁环境这项活动目的不仅仅在于打扫一下卫生，而主要在于环保宣传和环保教育，用自己的绿色行为，使更多的人懂得，环境保护需要从我做起，人人参与。

动物领养活动

在2003年“非典”期间，社会上谣传着“家养动物是传染源”的说法。那段时间，沧南县大街小巷上的流浪狗多了好几倍，这一突发事件极大地震撼了“绿眼睛”志愿者的心，同时也

让“绿眼睛”的成员们明白了，一味地救助是无法彻底解决问题的，只有宣传教育才是改变这一现况的根本。因此，“绿眼睛”便将工作定位在：工作业绩不以救助多少只动物来衡量，而是看救助动物在多大程度上启发了人们对动物的关爱之心。目标明确了，“绿眼睛”便加强了宣传攻势，定期组织志愿者奔赴各个乡镇发送由“绿眼睛”自己制定出的《动物福利标准》等资料，这在中国的动物福利事业中，是一个极大的尝试和开拓。

2006 年 8 月 9 日，“绿眼睛”将收养的大部分流浪狗集中在浙江省沧南县县城公园山广场举行“首届动物领养活动”，共有 700 多人参加了活动。活动领养环节中，有 5 个热心民众领养了无家可归的小动物，并慎重地在《动物福利协议书》上签名，承诺一定为动物带来幸福的生活，“绿眼睛”也为领养人颁发了《领养证书》和《宠物新主人手册》。领养活动的第二个环节是“绿眼睛”对这些宠物的新主人进行培训，授予其科学饲养的方式，而且将定期派专人进行家访，确保动物不会再次受到虐待。

“关注鸟类，保护自然”活动

浙江省温州鸟类种类繁多，但因为环境的破坏和人类大量的捕杀使很多鸟类濒临灭绝。

2009 年 5 月 4 日，浙江省苍南县林业局和“绿眼睛”组织在苍南灵溪人民广场共同举办了一场“关注鸟类，保护自然”的宣传活动。

活动当天，现场很多群众观看了温州鸟类图片展，从图片中一些群众了解到了温州有着种类繁多的珍惜鸟类。

活动快结束时，苍南县林业局领导和“绿眼睛”志愿者们一起将一只国家二级保护动物草鸮成功放飞。

爱鸟周图片展

首都大学生环保志愿者协会

首都大学生环保志愿者协会，是由北京林业大学发起的首都高校第一个专业性跨校社团，协会由首都高校在校大学生环保志愿者组成，成立于2000年。

首都大学生环保志愿者协会以“自愿、奉献、团结、进步”为原则，规划、组织和协调首都各个高校团委、学生会、志愿者协会开展各种环保志愿服务活动。该协会的成立是首都大学生绿色环保活动发展史上的一个里程碑，标志着首都大学生绿色环保社团走向了联合。

协会成立以来，大学生们弘扬生态文化、促进生态体验、推进生态经济、建设和谐社会，开展了一系列卓有成效的绿色环保工作，逐步形成了绿色咨询、“绿桥”活动、营建首都大学生青春奥运林、学生公寓垃圾分类回收希望活动、绿色科考、绿色调研、绿色论坛等多个品牌活动。此外，协会逐步作为大学生群体代表参与到全国性环保项目中，获得良好的效果。在保护母亲河行动、第21届世界大学生运动会等工作中，树立了首都高校大学生绿色志愿服务的良好形象。

首届“首都大学生绿色论坛”

2005 年 3 月 19 日，首都大学生绿色论坛在北京林业大学召开。论坛作为“绿色奥运 志愿北京”首都大学生创建绿色奥运第九届绿桥活动之一，由共青团北京市委员会、北京林业大学、北京市学生联合会、北京高等学校学生社团联合会主办，共青团北京林业大学委员会、首都大学生环保志愿者协会、首都青少年生态文化研究中心承办，北京林业大学科学探险与野外生存协会（山诺会）协办。这次论坛的主题是“垃圾分类回收与绿色大学创建”。这是一次由北京林业大学山诺会、清华大学绿色协会、

绿色论坛现场

北京工业大学自然爱好者协会等首都18所高校的环保志愿团体参与讨论的论坛活动。

论坛探讨了垃圾分类回收活动的经验和存在的问题，以及如何建立健全校园垃圾分类回收体系，探索绿色校园创建的途径。通过邀请相关领域的专家、学者、社会环保人士、环保社团代表等进行专题研讨，建立起具有可推广性的高校校园垃圾分类回收体系，为创建绿色大学做出新的探索。同时也把绿色大学的理念渗透到每一位大学生的心中，让环保成为一种时尚，让垃圾分类回收成为一种生活习惯。

“绿桥”活动

1997年，北京林业大学学子为了追忆一代伟人邓小平同志，倡导绿化、带头绿化的感人事迹，满怀对小平同志的崇敬之情，在首都义务植树日当天，以“继承伟人遗志，缔造绿色家园”为主题，怀着“为祖国母亲撒播点点生命绿，替华夏大地架起座座爱心桥”美好愿望，启动了首都大学生首届“绿桥”活动。同时，开展了“心系沙漠”植树科考活动。

1998年，北京林业大学学生在“绿桥”活动启动仪式上宣读《北京林业大学致北京市民的一封信》，并将自己制作的宣传爱鸟护鸟的录音带赠送给北京市园林局。当天，北京林业大学学子呼唤绿色的声音响遍北京十大公园。

1999年，北京林业大学首次联合首都30余所高校，举行首都大学生“奉献绿色青春，振兴世纪中华”——“绿桥”系列活动。国家林业局，北京市有关领导出席了仪式，并对活动给予高度评

价，鼓舞了北林全体师生投身祖国生态环境建设的昂扬斗志。

2000 年，首都大学生环保志愿者协会以“绿色 2000 行动”为主题举办“绿桥”活动。4 月 11 日，召开首都大学生环保志愿者协会全市性第一次工作会议，明确了协会建设的工作规划，确立了五项工作机制——管理机制、交流机制、宣传机制、运作机制及激励机制。开展了“带着希望飞翔”爱鸟护鸟宣传活动，组织了包括清华大学在内的六所高校大学生，启动“绿色北京——环首都生态圈沙尘源调查”行动。

2001 年，是十五开局第一年，是首都举办大运申办奥运之年，绿色奥运理念的提出为协会的工作提供了良好的契机，大运会的举办为协会的环保志愿服务提出了新的课题。2001 年“绿桥”活动以“创绿色大运，盼绿色奥运”为主题开展系列绿色活动。

2002 年，“绿桥”活动推出了《首都大学生创建绿色奥运环保志愿服务工作计划》，受到团中央、团市委、奥组委的欢迎，成为《首都青春奥运行动》的组成部分。著名歌手腾格尔、影视明星王璐瑶、奥运会跆拳道陈中被聘为第一届“首都大学生绿色形象大使”。

2003 年，首都大学生创建绿色奥运——2003 年第七届“绿桥”系列活动启动，北林大策划组织近 2000 名首都学子在北京房山周口店猿人遗址营建首都大学生青春奥运林，首期规模达 110 亩，共植侧柏 1200 株。团中央、国家林业局、北京市领导为“首都大学生青春奥运林”揭幕，北京林业大学和北京团市委设立了“首都大学生青春奥运林”养护基金，决定每年的首都义务植树日前后，组织首都大学生继续扩大青春奥运林的规模。发起

成立首都青少年生态文化研究中心，标志着首都大学生环保活动由浅层向深层发展。聘请了奥运会射击杨凌、节目主持人鞠萍、歌手白雪为第二届首都大学生绿色形象大使。

2004 年，“绿色奥运，志愿北京”——首都大学生第八届“绿桥”活动举办。第八届“绿桥”活动提出“落实科学发展观，转变思路，发挥优势，为实现人与自然和谐发展而努力”的工作思路，开展“首都大学生最为关心的十大环境问题”等调研活动，出版了《生活的革命——绿色生活指南》一书，与电视台合作开办环保栏目，举办绿色论坛、环保公益晚会。希腊驻中国大使哈拉兰博斯·罗卡纳斯先生应邀出席，相声艺术家姜昆、中央电视台节目主持人朱军、歌手陈红、陈琳、26 届奥运会羽毛球单打亚军董炯等演艺体育明星被聘为第三届“首都大学生绿色形象大使”。

2005 年，“绿色奥运，志愿北京”——首都大学生第九届“绿桥”活动开幕。开幕式上成立了北京青春奥运志愿者文明礼仪学校绿色环保教育中心，承担北京奥运会志愿者绿色环保培训工作。制定发布了《2005——2008 首都大学生迎奥运环保志愿服务行动规划》和《北京青春奥运志愿者绿色环保培训规划》。同时，围绕“绿色文化与北京奥运”和“垃圾分类回收和绿色大学创建”等主题举办了 2005 年首都大学生绿色论坛，组织了北京奥运环三环水系水质资源调查。聘请歌手江涛、斯琴格日乐、电视节目主持人曹颖、戴军、奥运罗薇等五位影视和体育界的知名人士为“首都大学生第四届绿色形象大使”。

2006 年，“绿色奥运，和谐社会”——首都大学生第十届“绿桥”活动开幕，开幕式上成立了首都大学生践行社会主义荣

辱观宣讲团，中国青少年生态环保志愿者之家也宣告成立。第十届“绿桥”活动举行了全国青少年生态环保社团交流研讨会暨“母亲河”论坛和相约绿色——全国青少年生态环保社团大联欢等文化活动，活动进一步整合了大学生生态环保社团的资源，动员组织更多的大学生参与保护生态环境行动。演员胡兵、表演艺术家牛群、演员陶红、小品演员大山、2006 年都灵冬奥会自由式滑雪空中技巧韩晓鹏等演艺体育明星被聘为第五届“首都大学生绿色形象大使”。

2007 年，“绿桥”已经走到了第十一个年头，第十一届“绿桥”在借鉴往年成功经验的同时，活动覆盖面更广，参与人数更多，意义也将更加深远。冯巩、腾格尔、王宏伟、瞿颖、罗中旭、印小天、姚晨、大山、沙宝亮、刘孜、吉新鹏、夏煊泽等文艺体育明星，被聘为新一届（第六届）首都大学生“绿色形象大使”暨“绿色长征形象大使”。

2007 年首都大学生第十一届“绿桥”活动启动仪式

2008年，“微笑北京、绿色长征”——首都大学生第十二届“绿桥”暨第二届全国青少年绿色长征接力活动聘请了戴玉强、张迈、王宝强、王克楠、杨若兮、吕薇、陈思思、纪敏佳、吴春燕、卢薪羽等为第七届首都大学生“绿色形象大使”。

2009年“绿桥”和“绿色长征”活动以“传播绿色文化 引领生态文明”为目标，通过绿色咨询、文化广场、青春志愿林种植、农村社会观察、林业生态建设工程科考、生态环保项目创意创业大赛等多项活动引导广大青年学生参与国家生态文明建设。

绿色之友

绿色之友，全称是“天津市环境科学会绿色教育工作委员会”，是天津的第一个民间环保团体，成立于2001年2月16日。

绿色之友标志

“绿色之友”成立后，为了提高公民的环境意识和民众参与环保的热情，以多种形式开展了民间环保活动，宣传环保知识，开展环境保护方面的国内外民间合作，还不定期地就公众关心的环保问题或突发性环境事件进行调研，并向有关部门提出合理化建议，收集、整理各类环境保护方面的信息向社会提供咨询，积极支持政府、社会组织和个人一切有利于环境保护及可持续发展的政策、措施和行动，努力促进了社会的可持续发展。

“了解母亲河，天津乐水行”活动

有着“北国水乡”之称的天津处在海河流域，是我国水资源

人口占有量极少的地区之一，人均水资源占有量只有160立方米，是全国人均水资源占有量的1/15。1983年完成的引滦入津工程使天津人告别了喝咸水的时代。虽然天津河流众多，城市由水而生，因水而兴，但天津缺水形势日趋严峻，水环境污染、浪费水的现象都非常严重。

2007年8月18日，在天津市南开区第一中心医院前的津河瀑布广场，由天津“绿色之友”发起的“了解母亲河、天津乐水行”环保志愿者活动正式启动了。

早晨8点50分，“绿色之友”志愿者从津河瀑布广场出发，沿着天津市区内容易行走、利于考察的景观河道——津河行走。

知识链接

津河是天津的二级河道，发源于南开区三元村闸桥与南运河交汇处，终点在河西区解放南路，总长18.5公里。原名“墙子河”，具有悠久的历史。公元1859年（清咸丰九年）清朝政府挖壕筑墙为抵御英、法联军入侵而成。随着时代的变迁，逐渐成为排泄城市雨水和污水的河道，两岸脏乱不堪。为改善城市环境，天津市政府于2000年3月至9月对墙子河进行了全面改造。包括治理河道，清除淤泥，砌筑河坡，新建改建桥梁，整修和绿化沿河道路，建设引水设施，在三岔河口修建提水泵站，将海河水引入南运河，经津河再排回海河，形成流动的活水。

活动考察的起点是津河瀑布广场，津河瀑布广场是津河五处大型绿化景点之一，河道成90度蜿蜒流经天津市第一中心医院

门前，假山上瀑布飞流直下、声震四方、气势恢弘，宽阔的水面，水岸停靠着几只游船，如若河水清澈，无疑是一处戏水乐园，岸边广场则成为市民休闲的好场所。可是，在考察中“绿色之友”志愿者们发现，当初改造一新、风景美如画的瀑布广场不见了，呈现在他们面前的则是污浊的河水，河面上还漂浮着绿色浮萍，附属设施也已被损坏，并破旧不堪。

考察队逆河而上，看到津河两岸的绿化带随着河道在延伸。树木、灌木、花卉、草地错落有致，绿草如茵，一片生机盎然。景观小路彩砖铺设，蜿蜒曲折，经过改造的津河，如诗如画。可是，他们往前走时却发现在河道两岸，不时出现被倾倒的垃圾，还有游人丢弃的塑料瓶、塑料带、包装盒等。考察队开始是沿着河岸附近的甬道行走，但不利于近距离观察河水。于是，在队长的提议下，队员们开始沿着石砌的河堤前行。近距离观察河水，他们发现，河水很绿，不见流动，水质也不是很好，但比瀑布广场的水稍洁净些。有的队员发现有人在岸边整理鱼网形状的东西，靠近岸边的河水里也能看见很多的长条型网状物，领队的刘雨明告诉队员，这是一些都是捕鱼的下网，俗称“绝户网”，专门捕捞小鱼小虾的，不仅造成水生物生态的破坏，对防汛排涝也有很大影响，在河道管理条例中是坚决禁止的。

一路继续走下去，他们发现草坪中、堤岸上时不时就会发现垃圾、杂物，甚至有大小便，沿岸居民、饭店随意把垃圾倾倒在岸边，而这些垃圾定会随着雨水而流进河中。队员们边考察边捡清理路边的垃圾，可津河两岸的垃圾实在太多，根本捡不过来。

沿红旗路一侧的河岸道路逆水而上，“乐水行”考察团队徒

步前行。气温越来越高，中午12点30分，考察队员终于到达了“乐水行”活动的终点——津河与南运河交汇处三元村闸桥。

“乐水行”取得了阶段性的成功，考察活动全程历经3小时40分，徒步行走了9公里。在志愿者对天津河道、水质、水利工程考察过后，他们通过各种方式积极向公众宣传水资源的宝贵，增强了天津人保护水资源、节约水资源的环保意识。

节能20%公民行动

2007年11月9日，“绿色之友”举办了“节能20%公民行动——绿色包装我行动”活动，在天津南苑商场向市民发放了300个环保购物袋、宣传资料，市民反响热烈。

为积极响应国务院颁布的《关于限制生产销售使用塑料购物袋的通知》，2008年1月30日，“绿色之友”又走进天津市和平区新兴街朝阳里社区，在社区居民举办的“金鼠送春百家宴 绿色环保购物行”活动中，向现场的居民发放了200个环保购物袋。2008年3月4日上午，在天津市和平区滨江道，团市委和青年志愿者协会联合组织“迎奥运——3.5青年志愿者宣传服务日”活动。在活动现场，“绿色之友”与和平区团委向市民发放了节能减排环保宣传资料，并与身着奥运福娃服装的志愿者，共同向市民发放了近200个环保购物袋，受到了市民的热烈欢迎，市民们纷纷表示，要在今后上街购物时使用环保购物袋，尽量不使用一次性塑料袋，减少白色污染，以实际行动保护环境。

举办“减塑活动”

塑料袋不仅不容易降解，污染泥土，而且大部分的一次性塑料带主要成分是聚乙烯，是一种污染性很强的东西，被污染过的土壤会寸草不生，如果河流被污染，那么水中的鱼虾会大批死亡，相应的人吃了这些东西就会生病！此外，废弃塑料袋的处理费用是生产成本的5倍以上。全球平均每人每天消耗10只塑料袋，一年就要消耗24亿只。生产和处理塑料袋还要消耗大量能源。针对日益泛滥的“白色污染”，2008年2月14日，天津“绿色之友”与“北京地球村”共同举办了“减塑活动”，活动的主要目的是向公众宣传过度使用塑料包装购物袋对环境和人体造成的危害。活动当天凡是签署承诺减少使用塑料袋者，都可以领取一个制作精美、可折叠、便携式的绿色环保购物袋。“绿色之友”希望使用人们使用这种环保购物袋可以改变购物习惯，自觉保护环境。

绿色汉江

绿色汉江，全称“襄樊市环境保护协会”，是在湖北省襄樊市民政局注册成立的一个非赢利性的民间环保团体。是湖北省首家民间环保组织，也是目前汉江流域唯一一家民间环保组织。成立于2002年9月，协会发起人是运建立、李治和和叶福宜。

绿色汉江标志

“绿色汉江”成立后，在团结社会各界热爱环保事业人士的基础上，把工作重点放在了保护汉江的生态环境上，多次组织会员深入基层调查水资源保护中的热点难点问题，协助政府有关部门整治污染，改善环境质量。同时，“绿色汉江”一直在坚持环境宣传教育，举办各种类型的环保知识培训，到农村、校园、企业、社区和机关宣传环保知识，与乡镇合作，在边远山区农村创建了乡村生态社区，进一步增强了公众的环保意识，提高了襄樊市民的环保参与度。

环保行动

“徒步汉江襄樊段环保行”活动

为了全面了解汉江襄樊段的全貌，加强农村的环境教育建设，促进农村环保工作的开展，保护和改善汉江襄樊段的生态环境，也为了增强民众的环保意识，唤起更多的公众关爱水资源，保护母亲河，“绿色汉江”与襄樊市环保局于2003年4月下旬共同成功发起并组织了“徒步汉江环保行”活动。

志愿者在“徒步汉江环保行”出发前合影

知识链接

汉江是长江第一大支流，全长1577公里，从湖北省丹江口水库坝下的陈家港流入襄樊市，到宜城岛口流入钟祥，襄

樊段全长195公里，境内流域面积17270.62平方公里，占全市国土总面积的87.1%，占汉江流域面积的10.86%，对水资源相对缺乏的襄樊来讲，汉江水养育了一代又一代的襄樊人。

志愿者在排污口取水

活动消息一发出，不到3天时间，就有200多名环保志愿者踊跃报名，“绿色汉江”挑选了20名志愿者组成两个考察队，甲队考察襄樊至丹江段，乙队考察襄樊至宜城段。

甲队行程150多公里，先后察看了22个排污口，采集到24个水样，沿途向各地居民、农民调查水资源情况。乙队先乘车到宜城岛口，然后向襄樊方向徒步考察，行程90多公里，采集水样7个。甲乙两队在考察的路途中边向居民宣传环保知识，边散发环保资料。两个队总计用10天时间，走完了汉江襄樊段全程。

志愿者在工厂排污的沟渠取样

“徒步汉江环保行”活动的另一个任务是送环境教育进校园，两个队的领队先后在 8 所中小学，向 5700 多师生进行了环境教育的培训，除了组织师生们观看环境警示教育图片外，还作了“爱护水资源，保护母亲河”的讲座，许多师生从中受到启迪，纷纷表示要保护“母亲河”。

“徒步唐白河环保行”活动

2004 年 4 月，“绿色汉江”为了了解唐白河两岸生态环境，向沿岸乡镇、农村和学校宣传环保知识，传播绿色文化。发起并组织了“徒步唐白河”环保行活动。

知识链接

唐白河是汉江中下游最大的支流，流域总面积24500平方公里，流域行政区划分属河南、湖北两省。唐白河有二支支流，一支名叫白河，发源地河南南召县，向东经南召、南阳、新野等县市，于翟湾入湖北襄阳区境，到双沟镇两河口，全长264公里，流域面积12270平方公里，其中襄阳区境河长28公里，流域面积192平方公里；另一支名叫唐河（又名泌河）发源于河南伏牛山，经方城、唐县，至石台寺入襄阳区境，经双沟镇西至两河口，全长230公里，流域面积8685平方公里，其中在襄阳区境长46.8公里，流域面积1192平方公里。唐河与白河在襄阳区双沟镇的两河口处交汇后名叫唐白河，向南至襄阳区张湾注入汉水，河长22.6公里，流域面积991平方公里。

"徒步唐白河环保行"启动仪式

活动出发前，“绿色汉江”不仅收集了大量唐白河资料、地图，还组织了队员培训，并筛选出16名志愿者组成甲、乙两个队，两队各有分工：由运建立带领甲队考察白河，李治和带领乙队考察唐河。

2004年4月9日，甲、乙两队先乘车到达河南省南阳市区，然后两队分头出发开始考察，运建立带队的甲队乘车来到河南新野，在县城附近的白河大桥下，看到白河水在此变臭发黑，白河成了黑河，据当地百姓讲，这种状况已有15年了。主要是南阳流下来的污染水中又汇入了内乡、邓州流下来的七里河（又名湍河）的污染水造成的。

知识链接

南阳盆地是黄河和长江中间的一个由北向南倾斜的扇形盆地，盆地的中点是南阳市，盆地的出口在襄樊市的襄阳区。

志愿者在采集水样

志愿者们在赶赴唐白河的途中

甲队继续沿河而下，甲队看到了右岸刁河河水发黑且正在大肆排放溅起了大量泡沫，显然是造纸废水引起的。他们向当地农民了解到，刁河水不仅毒死了鱼，连散发的气味都会让人头晕、恶心，村子里近年来得食道癌去世的人逐年增多。左岸的李河水质污染更严重，在李河岸边的新野县五星镇马庄村，甲队的志愿者们亲眼看到了河水变成了比酱油还深的黑色，据当地村民反映，在马庄一个村就有 8 个小造纸厂，全部采用地池蒸煮纸浆，生产卫生纸，常常白天关门，晚上偷偷生产，造纸产生的黑液未经任何处理，直接排入李河。

李河水注入白河后，白河水更黑了，就这样，白河水源源不断地在襄阳区翟湾村流进湖北境内。有的河段虽然未受到新的污染，但河面上不时有死鱼顺流漂下，考察队员们在襄阳区朱集镇朱集村、罗庄村、刘湾村……看到的是一大河黑水，在许多典型河段采水样的队员，手上溅到了白河水，赶紧用带去喝的纯净水

冲洗，手都要发痒好几天。

而由李治和带领的乙队，从唐河县沿着唐河一路考察，看到的则是另一番景象。除了河南油田下游（唐河县境内）有时排的油类物质漂浮水面，有些污染外，基本保护较好。走到襄阳县石台寺时，看到的唐河水仍然是清的（三类水质），唐河水质总体较好，这既得力于沿河两省政府部门对十五小的整治，更得力于沿河民众的环境维权意识，在襄阳区埠口调查时，当地农民就骄傲地说："埠口街东北树林里，原有个小造纸厂，我们一直向政府举报告状，硬是把它告倒了。

知识链接

水是地球上一切生物赖以生存也是人类生产生活不可缺少的最基本物质。不同用途的水质要求有不同的质量标准。我国地面水分五大类：

一类水质：水质良好。主要适用于源头水，国家自然保护区；

二类水质：水质受轻度污染。主要适用于集中式生活饮用水、地表水源地一级保护区，珍稀水生生物栖息地，鱼虾类产卵场，仔稚幼鱼的索饵场等；

三类水质：主要适用于集中式生活饮用水、地表水源地二级保护区，鱼虾类越冬、回游通道，水产养殖区等渔业水域及游泳区；

四类水质：主要适用于一般工业用水区及人体非直接接触的娱乐用水区；

五类水质：主要适用于农业用水区及一般景观要求水域。

2004 年 4 月 12 日下午，甲、乙两队队员分别走完白河、唐河，在两河口顺利会合。尽管有唐河的汇入，可唐白河的水质仍然是劣 5 类水质。

甲、乙两队沿唐白河往下走，在襄阳区唐家店，看到滚河水汇入唐白河，滚河水水量虽小，但水质很差。2004 年 4 月 13 日下午，甲、乙两队终于走完了唐白河的全程，唐白河脏污水直接注入汉江北支，在江河交汇处，一条明显的分界线，一浊一清，泾渭分明。唐白河对汉江水质的影响显而易见。

2004 年 12 月 4 日，“绿色汉江”再次组织了 19 名环保志愿者对唐白河进行了跟踪考察。活动由“绿色汉江“负责人运建立和叶福宜亲自带队，挑选了 14 位曾经徒步唐白河的环保志愿者。他们从河南新野县的白河大桥顺河而下，沿途分别于新野县城的白河大桥、新甸铺镇的刁河桥下、五星镇马庄村的李河、白河入湖北境内的翟湾村、双沟镇双沟大桥下的唐河、唐白河入汉江口等处进行实地调查并采取了 7 个水样。

他们在河南新野县城的白河大桥下，看到了白河水依旧是黑色的，河流沿岸的泥土都变成了黑绿色，新野县新甸铺镇桥下的白色泡沫照样在飞溅，五星镇马庄村旁的李河桥边有两个排污口在肆无忌惮地大量排放着未经任何处理的造纸黑液，黑色废水夹带着白色泡沫直泄李河后排入白河。他们边考察边沿途散发环保宣传资料，每到一处，总是不知疲倦地向群众讲解环保知识，向儿童教唱环保歌曲，动员大家保护母亲河。

活动结束后，“绿色汉江”把考察后的结果向当地环保部门反映，引起了相关部门的重视，也加大了对唐白河的治理。

“汉江源环保行”活动

“绿色汉江”为了让沿江民众和京津地区永远喝上干净水。于2006年10月1日~6日，启动了“汉江源环保行”考察活动。环保小分队16名志愿者对汉江源（上游至源头）进行了实地考察，发动了汉江上、中、下游的居民携手，共同保护汉江母亲河的活动。

志愿者到达汉江源头

志愿者在汉江源头马家河村调研

志愿者沿途进行环保宣传活动

2006 年 10 月 6 日，“绿色汉江”16 位志愿者完成了汉江源的考察。并在襄樊市人民广场向 1000 多位市民展示沿途采集的水样、宣传环保知识，并发出倡议书，100 多市民在横幅上签名。

绿色流域

绿色流域，全称是“云南省大众流域管理研究和推广中心”，该组织是在云南省民政厅注册成立的非营利性民间环保团体，成立于2002年10月，创始人是于晓刚。

该组织成立后，致力于提供社会服务（知识和技术），支持和倡导良好的开发和保护流域的决策，是集科研、教学和实践为一体的组织。扎根我国西部社区，以实施山地流域管理，提升民众流域意识，推动大众参与为宗旨。为我国流域生态平衡和可持续发展做出了贡献。

绿色流域标志

拉市海流域治理项目

拉市海是一个水域面积约1000公顷的高原湖泊，位于金沙江流域和澜沧江流域之间。流域的汇水面面积为26560公顷。流

域四周环山，中间低陷为盆形坝区。坝区的中央即为高原型湿地——拉市海。拉市海以其特殊的地理位置、气候条件、生态环境成为候鸟理想的越冬栖息的。拉市海周围的山区还保存着较为完好的天然林。长期以来，丰饶的拉市海流域为当地群众提供了多种多样的物产，包括：木材、药材、牧草、鱼虾、海菜花等多种资源。此外，拉市海还具有维护自然生态系统稳定性、净化水质、进行环境教育、科学研究等作用。

拉市海流域主要生活着两个民族，纳西族和彝族。彝族人口约五百万人，居住在流域的上游汇水区，这一地区的森林植被对整个流域起着至关重要的作用。由于生活在高寒山区，农耕受到自然条件的限制，因此他们主要依靠林业和畜牧业为生。然而自1998 年以来，长江流域实施了天然林禁伐和退耕还林，山区彝族群众的生计和发展受到一定的影响。

另一个民族是纳西族，纳西族人口约一万人，主要依靠农业和水产业为生。过去，纳西族依靠拉市海肥沃的良田和丰富的渔业资源，居民们丰衣足食。

然而 90 年代初，丽江市政府在拉市海实施了跨流域调水工程，1998 年拉市海正式向丽江古城供水，为了充分供应下游丽江古城的景观用水，拉市海筑起大坝蓄水。就这样，拉市海在为下游城市做出巨大贡献的同时，却从一个自然潮起潮落的天然湿地变成了一个人工控制的水库，给拉市海流域生态环境和社会生活带来了诸多问题：森林大面积退化和渔业资源急剧衰退。拉市海的居民们几乎无鱼可打，他们为了从有限的土地获得更多的产量，开始使用更多的农药、化肥，导致水质恶化和一些水生动植

物的消失。另一方面，修筑水坝又淹没了居民们的耕地，坝区居民的生计日益窘迫。

拉市海一系列生态问题的出现反映出治理的危机，即：一些政府部门看重城市的发展和经济的增长，决策过程中未能充分考虑到基层民众的流域权利和自然资源管理的经验，从而导致整个流域开发中数量最为庞大、利益关系最为密切、承担生态保护成本的原住民无法参与到流域决策中，也无法享受到保护和开发的利益。流域的综合治理，必须依靠流域范围内的所有利益相关群体共同协商，制定科学的流域治理规划，才能实现流域的善治。

2000 年，在于晓刚的努力下，拉市海终于得到了美国乐施会的资助。同年 7 月，“绿色流域”进入拉市海，与当地政府及其他各相关部门协商成立了拉市海流域管理委员会，并负责实施拉市海社区参与式流域管理项目。这是中国第一个以乡镇为基础的流域管理委员会，它成为不同利益群体之间在流域管理议题上信息共享、互相沟通和协商决策的平台。流域管理委员会下设流域管理办公室，负责执行和协调流域管理委员会所提出的计划和项目，举行流域管理委员会会议，举办研讨会和培训班。

“绿色流域”希望通过社区资源管理和扶贫项目，帮助被边缘化的村民获得粮食和生计保障；通过社区参与式流域管理，当地村民组织的能力得到提升；在流域的利益相关者之间建立参与和协商机制，使政策决策过程肩负弱势群体的利益；倡导可持续流域管理，使流域资源的利用向可持续和更公平的方向

发展。

2007年7月6号，拉市海流域管理委员会组织召开了由乡政府、香港乐施会、绿色流域、湿地管理局等多方利益群体参与的绿色流域战略规划会议。会议上各利益相关方相互交换了意见和建议，为制定科学合理的流域治理规划提供了保证。同时，乡政府对民间NGO有了更多的认识和认同，促进了流域治理项目的开展。

2007年9月13日，拉市海流域管理委员会组织召开了乡政府主要领导、流域办工作人员、水利局、湿地管理局、渔民代表、绿色流域项目人员参加的流域管理会议，针对如何加强拉市海渔业资源管理进行了商讨。此后又多次召开会议，确定了取缔非法网具方案，制定了渔业资源管理办法。这几次流域管理委员会会议的召开，为拉市海渔业资源走可持续发展之路提供了重要的指导意见。

此外，“绿色流域”还与多个政府职能部门进行了合作：

- “绿色流域”与丽江市林业局、农业局合作，共同出资开展替代能源项目，在西湖村支持72户村民修建了三位一体沼气池；不仅给当地老百姓带来了实惠，而且切实保护了当地的森林资源。
- “绿色流域”与玉龙县生物创新办合作，开展了高寒山区中草药种植项目，帮助拉市海上游的彝族山区建立新的可持续的生计模式。
- “绿色流域”与拉市乡农科站合作，开展了多次有针对性的果树种植技术培训。

- “绿色流域”与玉龙县水利局合作，在拉市乡成立了丽江市第一家民间灌溉管理组织－－－农民用水户协会。一年后，经验得到推广，在全县16个乡镇共建立了45家农民用水户协会。

参与式社区灾害管理项目

我国属于亚洲和全球灾害多发的国家之一。全国50%的人口分布在气象、地震、地质等自然灾害影响严重的地区，常年受灾人口在2亿～3亿人次，人民生命财产和经济社会发展损失极重。2008年元月，暴风雪席卷中国，21个省（区、市）、数千万人受灾，直接经济损失达1111亿元。2008年5月12日，四川、陕西、甘肃发生地震灾害，直接经济损失超过8000亿元。加上南方地区洪涝、泥石流等自然灾害，使得2008年中国灾害问题凸显，灾害的影响十分巨大。

“绿色流域”在拉市海实施了多年的参与式流域管理项目。一方面旨在解决当地流域保护和百姓生计的协调发展，另一方面通过流域管理示范倡导中国小流域善治。在小流域治理过程中，“绿色流域”已经关注和着手治理流域面临的灾害。如，近十年以来，“绿色流域”协助常年受洪涝灾害、泥石流、滑坡困扰的丽江市玉龙县拉市乡西湖村村民建立了流域管理小组，发动群众植树造林、治理滑坡、改造河道、建拦沙坝、发展薪柴替代能源等，使西湖村生态安全大大增强，村民灾害管理的能力大大提升。2008年春季雪灾，“绿色流域”赶赴当地山区彝族村寨救援，并在香港乐施会的资助下与地方政府合作，帮助该地彝族社

区进行了灾后重建。

2008年8月，“绿色流域”申请了世界银行第二届中国发展市场“汶川地震灾后重建项目”。2008年10月21日－22日，该项目在北京国贸会展中心进行了展示与答辩，并最终从100余个入围项目中脱颖而出，被确定为2008年世界银行第二届中国发展市场援助项目，获项目资金人民币17万元。

“汶川大地震”发生后，在南都公益基金会“5·12灾后重建资助项目”的支持下，“绿色流域”联合四川5·12民间救助服务中心，于2008年8月29日～31日在受地震灾害影响的四川省成都市举办了《灾害社会影响评价、灾害管理规划研讨班》。研讨班期间，40多家NGO通过分享和交流，初步了解和掌握了该方法，并打算在社区重建活动中进一步实践。

2008年12月，“绿色流域”在拉市海的彝族社区及纳西族社区开展了参与式社区灾害管理规划。帮助当地少数民族村民认识到他们的所面临的灾害和灾害的影响，讨论应对灾害的措施和计划，协助社区形成灾害管理和制度。2008年年底，应民政部中国减灾中心邀请，“绿色流域”完成了对四川德阳市农村社区减灾能力建设方面的调查研究。

知识链接

参与式社区灾害管理项目的目标是通过广大公众的参与，建立一个能抗灾害风险的可持续发展的社区。这一目标，赋予了参与救灾、减灾和备灾工作的NGO更大的责任和更高的要求。实现这一目标，首先需要对灾害的社会影响进行评价，

深入了解社区需求，才能做出符合实际的社区灾害管理和可持续社区重建规划；同时，与社区居民一起讨论他们应对灾害的措施和资源，协助社区搭建一个减少灾害和脆弱性的社区灾害管理组织结构。一旦将来有灾害发生，社区能够最大程度减少灾害到来的损失，有效地对社区灾害进行管理。中国流域面临灾害的挑战，“绿色流域”正努力把参与式流域保护和社区灾害管理相结合，集研究与实践为一身，在构建抗风险、可持续的流域社区方面体现民间组织的价值。

参与式社区灾害管理项目在2008年11月~2009年10月期间，通过对四川省、陕西省和甘肃省地震灾区实地考察后，对积极参与灾后重建的NGO和社区组织进行了每省约2~3天的《灾害社会评价与社区灾害管理规划研讨班》。

瀚　海　沙

组织简介

瀚海沙，全称“瀚海沙环境与文化工作室”是关注中国受荒漠化影响地区发展状况的民间环保组织。发起人是长期关注中国荒漠化问题的年轻社会人士。成立于2002年4月20日。

瀚海沙标志

瀚海沙成立后，多次专程到中国西北部考察荒漠化地区生态环境和社区状况。通过考察，他们认识到，荒漠化地区的发展关键在于正确处理人与自然的关系。因此，他们组织城市志愿者到荒漠化地区开展社区和媒体宣传教育活动，引导人们反省日常的生活理念和消费行为，唤起更多的人关心受荒漠化影响地区的发展，努力成为相关生态知识及荒漠化防治措施的宣传者，以缓解荒漠化地区的生态压力。此外，他们还促进了社会各界在保护荒漠的文化与生态多样性、防治荒漠化、保存民族传统文化和促进社区发展等问题上的交流与合作。

“支持草根”项目

从2002年起，瀚海沙便开始关注荒漠化地区草根组织，同他们建立了深厚的情感，与每一个草根组织都有过在当地同吃同住同工作的经历，比较深入细致地了解草根发展需求和所面临的问题。

2003年，瀚海沙开始启动“支持草根”项目，关注位于草原和荒漠化少数民族地区的草根组织，帮助他们开展一些小型社区发展项目和组织能力建设培训。

知识链接

荒漠地区的草根组织，主要包括青海玉树三江源协会，青海治多环长江源生态经济促进会，内蒙古草原之友，赤峰沙漠绿色工程研究所，四川若尔盖绿色骆驼和吉林通榆沙地万平治理区。这几家草根组织中有由当地人独立组建发展的，也有社区外来者为保护该地区生态自发成立的，它们有一个共同的特点，就是扎根社区最基层，致力于当地社区生态和经济的共同发展，为当地草原或荒漠化的生态和草原游牧民族（蒙族和藏族）传统生态文化的保护不懈努力。因地处偏远地区，交通和信息很不便利，这些地处偏僻的草根社区组织无论在资金、人才，还是能力培训的机会上，都非常欠缺，

而当地的资源又都不能与沿海和大城市相提并论的，这都限制了这些组织开展社区发展的潜力，不少志愿者组织处于孤军奋战的状态。例如位于青海省玉树州治多县的“青藏高原环长江源生态经济促进会”是这几家草根组织中成立时间最早的，社区工作经验最多的一家，但从外界获得项目经费、独立操作项目的机会仍然很少，组织与外界的交流和学习的机会就更少了。

当时北京地区的多数小额资助项目都是只提供资金，很少参与和监督指导项目的实施，加上瀚海沙在以往参与过的草根能力建设培训中发现，培训者采用的培训方法常常是，根据自己的经验和“案例”为受训者分析讲解针对一个问题的一般理念及解决方法，但在具体实施过程中，草根组织和社区内部往往要面对更为复杂的问题和矛盾。另一方面，草根培训大多以农村和城市为背景，极少涉及草原游牧地区，更缺少在农耕文明下保护草原文化的探索和反思。瀚海沙希望通过对小型项目的监测和支持，同草根组织一起在深入草原社区的实际工作当中，给予相应的能力支持，它的形式除了邀请专家在项目点进行专题培训以外，也包括经验的分享，以及针对某个问题的共同探索。在这一背景下，瀚海沙在2005年1月~2006年5月，在深入支持草根工作的过程中，首先通过对草根组织小型项目的资助，在提供支持和参与的过程中，又协助了能力较弱、起步较晚的草根组织加强项目实施和管理的能力，为未来长远的社区项目和自身发展打下基础，同时深入到草根的实际需求和矛盾当中去，摸索、学习支持草根

的工作经验。

项目开展过程中，瀚海沙在与草根组织的交流中了解了草根组织发展设想和项目需求，帮助他们理清思路，将模糊的设想逐渐清晰细化，最终变成可操作性的项目建议书。在项目实施管理和监测评估过程中，瀚海沙邀请了绿根力量”等草根能力建设方面的培训合作伙伴，一起深入草根和项目点，了解项目的实施和进展情况，为草根组织发展进行初步的能力培训和经验分享。针对有的草根组织组织管理和财务管理不太完善的状况，帮助他们完善管理，如财务培训、参与式社区调研方法以及以往相关项目的案例分享，协助草根组织进行组织发展和项目管理的需求分析，与瀚海沙一同制定未来对草根网络的整体培训计划。

此外，鉴于草根组织还不具备建立独立网站的条件。瀚海沙2003 年改版的网站已经为各家草根组织设计了论坛专栏，并在项目期间不断更新，及时发布交流学习中的总结资料，以供更多的草根组织借鉴和交流。

举办生态文化讲座

2003 年夏，瀚海沙核心成员共赴藏、蒙草原考察。历时两个月的考察学习是瀚海沙成长过程中重要的一段经历。他们看到了当地的传统宗教文化与当地生态心息相依，也看到了当地在西方强势文化和全球化经济侵蚀下所面临的重重危机。

他们在考察中，在与牧民们的交流中，发现了荒漠化的根源其实是在远离自然、日渐荒芜的人心里。那次考察更加明确了瀚海沙的方向——必须从心灵的净化入手，从文化的回归开始，从

自身的实践做起。

回来之后，他们举办了草原生态与文化系列讲座，讲座取得了良好的社会效果。为了扩大宣传范围，让更多的人了解草原荒漠化的状态，他们还出版了《我从草原来》，书中记录了他们草原之行的历程，以及他们的所见所思。

2004 年，瀚海沙有了一次全新的尝试。这一年他们深入支持荒漠化和草原地区基层草根组织，帮助草根组织筹款和提高自身能力，并和当地社区一道，共同探索如何继承发扬土著民族文化对本土生态的保护，及在全球化的现状下社区可持续发展之路。他们还开设了“心灵环保”项目，翻译圣雄甘地关于印度民族文化与乡村发展的思想著作，编辑东方古贤关于心灵滋养的格言，引导志愿者游览充满智慧的历史古迹，组织观摩赏析优秀影片。让久居城市的我们重温心灵经典，从历史的智慧中找到钢筋水泥困境的出路。

人文教育项目

瀚海沙认为，当今世界所有生态的问题、社会的问题，说到底只是人心的问题。世界原本是太平的，人心的躁动酿成世界的纷乱，什么时候人的心安宁了，所有的问题都会迎刃而解。这一切的起点，还是良好的教育。所以，规整人的言行、思维和信仰，则是解决一切具体问题的宏观出路。

2006 年，瀚海沙便从“心灵环保”项目延伸出“人文教育”项目。“人文教育”项目。成立该项目是因为，对于瀚海沙来说，他们的工作已经不单单是培养公众的生态意识，而是希望培养公

众的健全人格和生活态度，使人们对于生态问题主动关注并参与。

“人文教育”项目的根本目的在于：使人志向高远，有志于领悟宇宙、人生的道理；能够认识为人处世的规律，行为上可以依据这些规律作为生活的指导；内在体现为内心的修养，外在是对世界、对他人的仁爱；有生活的具体能力。

如果用一个词来概括“人文教育”的目的与内容，那就是“导养正性”。“导”即引导，相当于教育，“养”即修养，相当于实践；正性即社会、人生中中正的内涵，其表现的形式、评价的标准就是健康。

城市健康生活项目

2008 年，瀚海沙开展了“城市健康生活”项目。包括自然教育、城市农耕等等内容。

由于瀚海沙工作室在北京，宣传对象主要是城市人群，因此便有了“城市健康生活”这个项目。

该项目针对受众年龄层次、接受能力的不同，瀚海沙采用不同的工作方式。针对成年人，他们的教育方法就以讲道理的思辨方式来进行，比如《山水间》和看片会等等；而针对少年儿童，瀚海沙则引领他们参与实践，培养孩子们的健康身心。

瀚海沙的“城市健康生活项目”促进了城市与乡村，社会与自然的深层对话，也可以说是瀚海沙人文教育的一次回归。

三江源协会

三江源协会，全称“三江源生态环境保护协会”，是经民政局登记注册的，由藏族人为主体的民间环保组织，成立于2002年4月。

“三江源协会”主要致力于青藏高原地区生态环境与传统优秀生态文化的保护与宣传，关注青藏高原地区的可持续发展。

三江源生态环境保护协会标志

协会成立后，他们以自己的方式、特色和理念宣传长江源的生态保护，并与多方合作，积极配合，共同承担起了保护三江源这一“亚洲冰塔”、“中华水塔”的历史使命和社会责任。

社区保护小区

我国的自然保护区主要以政府为主导，没有充分发挥乡村社区公众的参与力量。因此“三江源协会”积极创建以乡村社区公众和当地生态文化相结合的社区保护小区，以乡村自然资源保护为基础，让社区公众自觉自发地保护周边的生态环境，促进当地政府对社区保护小区的认可、鼓励和支持。

1999 年 4 月，“三江源协会”创建了索加乡生态保护管理委员会和四个牧委会的生态监理委员会，并正式建立了索加五大民间社区自然保护小区。由“绿色地球基金”（GGF）资助 16000 元，给 16 位牧民生态监护员和四个牧委会的生态监理委员会配置 16 架望远镜及 4 顶活动帐篷，组织开展了社区野生动物监测工作，使长江南源索加地区的当曲、莫曲、君曲和牙曲四大河流流域为主的近 4 万平方公里土地，首次得到民间方式为主的有效保护。

神山圣湖项目

藏族的生态保护思想、保护模式和保护制度集中反映在神山圣湖的保护行为中，神山圣湖是体现藏族优秀传统生态文化的重要载体。藏族人对神山圣湖的保护不仅是出于对自然的敬畏与感恩，更主要是处于对生命轮回的珍爱，是一种自然的整体主义观点和非人类中心主义立场，是对生态内在价值的肯定，它有别于当今许多的人对待自然环境问题上的机械主义、个体主义和人类中心主义的立场。因而对自然的保护性禁忌是一种非常自觉的行为，一种必须要这样做，否则会引起灾难的心理倾向与道德规范。这样，生命轮回的信仰、自然崇敬观念、自然禁忌机制、道德规范的社区村规民约共同构成了保护自然环境的网络。

2004 年开始，“三江源协会”与保护国际合作在三江源为主的藏族地区开展了神山圣湖项目，项目以取精弃糟，与主流保护思想有机结合，恢复神山圣湖在藏民族心中的神圣地位，使其成为藏区自然保护的核心区域为目的。他们先后在尕朵觉悟神山、喇嘛闹拉神山、喀尕娃神山、赛康寺、泽日寺、尕吾尼姑寺、嘎尔寺、拉布寺等为中心的神山圣湖圣境进行了可行性调查，对尕朵觉悟神山周边的240多种花卉进行了拍摄，确定了花卉的俗称和学名，并对部分濒临灭绝的花卉采取了专人、划区、定时的具体保护措施。同时，推动尕朵觉悟神山、喇嘛闹拉神山和喀尕娃神山成为当地社区的自觉保护地，得到了当地社区和民众的认可和积极支持。

协会成员参加了在四川康定召开的神山圣湖与保护地管理研讨会

康区著名神山——尕朵觉悟神山

“绿色摇篮”环境教育

三江源地区的可持续发展需要有能力参与环境保护的当地公众主体。而青少年则是将来可持续发展的主体，他们的环境意识将决定他们未来的环境行为，未来人与自然和谐取决于当代青少年的价值观。因此，“三江源协会”倡导环境教育走进课堂，让青少年了解和认识环境问题，培养青少年感悟自然的审美能力，激发对自然的情感，引导他们溶入自然、感受自然之爱，使自然生态环境保护成为未来每个公民的生活习惯和自觉行为。

2005年开始，“三江源协会”在三江源地区推动了“绿色摇篮”环境教育项目，在玉树藏族自治州机关幼儿园、红旗学校、玉树县二民中、州藏医孤儿学校和州民族综合学校开设了正规的环境教育课，接收环境教育的学生达2467人。

启动“绿色摇篮”环境教育项目

生态文化节

2005年，“三江源协会”在澜沧江源地青村成功举办了首届藏族绿色生态文化节。并于2007年7月再次在措池村举办了生

态文化节。文化节以传统神山祭祀活动为平台，通过绿色服饰表演、赛马、放生、杀戒（野生动物）、话说山川、土著游戏、讲解宗教生态思想、评选最具慈悲之心的村民、播放濒危物种影视宣传片等形式，宣传绿色消费理念，推崇绿色服饰，并向主流社会展示，开创了在藏区不穿濒危动物制品服饰的生态文化活动先河。

评选出的“最具慈悲之心的村民”

盛装表演的村民

滇川藏野生动植物保护宣传活动

2006年初，“三江源协会”与国家濒危野生动物保护成都办事处、云南办事处、西藏办事处和保护国际、国际爱护动物保护基金会一起对西藏、四川和云南进行了野生动植物保护宣传。

知识链接

三江源地区位于我国的西部、青藏高原的腹地、青海省南部，是亚洲大河长江，黄河及澜沧江的发源地，世称“亚洲冰塔”，它平均海拔四千米以上，拥有世界上海拔最高的森林、高寒灌丛、草甸、草原和星罗棋布的湖泊、沼泽，是我国江河支流最多，湿地资源以及植被类型最为丰富的区域。

它是青藏高原特有的野生动物——野牦牛、藏野驴、藏羚羊、雪豹、黑颈鹤的原始栖息地，其生态环境仍然保持着原始自然的状态。然而，随着全球生态环境的恶化、世界经济一体化和区域经济开发进程的加快，这里的生态环境和土著文化面临各种挑战。因此，保护该地区的生态环境，弘扬传统优秀的生态文化，推动高原生态文明的建立，促进当地社区的可持续发展迫在眉睫。

滇川藏野生动植物保宣传活动座谈会

各种宣传招帖画

野生动物考察

2006年，“三江源协会”参与了世界野生生物保护学会(WCS)、西藏高原生物研究所和青海省林业厅合作开展的野生动物考察工作，完成了从新藏线到青藏线、从长江源到黄河源的大藏北羌唐无人区野生动物考察工作。

考察队的辆掉进雪景湖

考察队夜宿可可西里

阿拉善 SEE 生态协会

阿拉善 SEE 生态协会，是由中国近百名知名企业家出资成立的非政府非赢利性的环保组织，成立于2004 年6 月5 日。

阿拉善 SEE 生态协会标志

阿拉善 SEE 生态协会成立后，以阿拉善地区为重点，通过社区综合发展的方式解决阿拉善地区荒漠化问题；通过“SEE 生态基金”项目，资助不同类型的环保组织实施环境项目；组织与环保相关的讲座、论坛、参观等企业家交流活动，为企业家参与环保事业提供平台；协助企业建立环境保护体系，从工艺、产品、品牌和文化等方面实现环境友好与可持续发展；通过与国际组织的合作，引进国际环保资金、技术和项目，并进行最大限度的本土化操作，使其在中国产生良好的实际效果。

阿拉善 SEE 生态协会推动了中国企业家承担更多的环境责任和社会责任，推动企业的环保与可持续发展建设。推动中国民间环保事业的发展。

社区持续发展项目

阿拉善 SEE 生态协会自 2004 年成立以来，在阿拉善地区进行了五个以生态保护与社区持续发展结合的项目。

项目主要以梭梭林及草场保护、生态移民农业区的持续发展、额济纳绿洲胡杨林保护为主要工作目标。从可持续生计、能力建设、社区综合发展及本土文化传承入手，重点强调社区内部自我管理能力的提升，进而保证有效、持续地进行社区资源管理与保护。项目在牧区协助社区建立保护机制，形成社区为主导的梭梭林与草场保护模式，在农区探索社区认同的节约水资源的利用方式。在这些项目运行过程中，社区村民的环境保护意识增强，自我组织、自我管理、自我发展的能力得到提升，为社区管理公共事务打下基础。

五个社区持续发展项目分别为：吉兰泰生态保护与社区发展项目、查汉滩资源可持续利用与社区发展项目、腰坝滩生态农业与社区发展项目、希尼呼都格草场保护与社区发展项目、额济纳旗胡杨林文化生态多样性保护与社区发展项目。

下面以查汉滩资源可持续利用与社区发展项目为例，具体介绍一下阿拉善 SEE 生态协会在社区持续发展项目中的具体实施手段。

（1）对农牧民能力的培训。为了使查汉滩乌达木嘎查的村民对项目运行有一个感性的认识和理解，扩展他们的经验范畴，项目实施之初，SEE 生态协会组织农牧民赴吉兰太召素套勒盖项目点、贵州古胜村、腰坝镇贺兰队项目点进行了有关社区组织能力建设、项目管理、社区发展规划的培训，使他们在与各处村民近距离的接触中，逐步了解了与他们生存背景相似的村民项目的意义和方式，分享村民在生态保护项目方面的相关经验，使得农牧民增强了对项目的认识与理解，提高了自我组织和管理能力，并充分认识了互助管理这种社会组织体系的必要性和重要性。培训之后，农牧民精神面貌焕然一新，热情高涨。

（2）调整养殖业结构。通过养殖培训、社区养殖发展规划、小额资助的方式，使村民制定了《养殖管理办法》（即适合本地的规范化的舍饲养殖流程），建起了养殖圈舍，完成了种牛、种羊的购买，使得管委会能够统一认识、严格各项标准，主动、顺利地推动项目活动。

（3）调整种植业结构。通过项目管委会民主讨论、决策，种植培训、小额信贷方式，使村民购买了播种机、优质种子，获得了左旗科技局的技术支持，引来棉花加工企业实地考察。如果棉花种植成功，将比原种植玉米增加收入一倍以上，同时降低 40% 的地下水资源使用量。因此本项目对阿拉善左旗合理利用地下水资源，增加农牧民收入，发展新产业具有重要作用和意义。在一系列项目的设计中，项目方充分尊重项目运作的

主体性，为当地牧民提供了充分体现自身能力的平台，项目运行也是体现和认可当地百姓能力和尊严的一个途径。通过实际项目操作，解决不断出现的问题，农牧民提高了自我管理和自我发展规划的能力。

提高生态移民生存能力项目

由于人口增长、过度放牧，阿拉善地区草场沙化逐年加剧，阿拉善盟府制定了“搬迁转移，集中发展”的战略，在全盟推行。

阿拉善左旗巴润别立镇（简称腰坝镇）因此提出了通过建设 100 座节能高效日光温棚，解决贺兰山和腾格里生态移民 100 户的转产退牧的生计，保护了 375 平方公里的荒漠草原生态系统。

腰坝镇政府就温棚项目向阿拉善 SEE 生态协会提出合作意向，希望借助协会的资金和项目运作经验，共同实施该项目。

协会通过 100 户牧民移民转产，保护 375 平方公里的荒漠草原生态系统；通过培训，提高生态移民的生存能力；通过参与式培训和管理，提高社区的自我组织能力；通过项目合作，影响政府的工作思路和方式；通过项目实施，体现协会的项目特色，提高协会在当地的认同度。从而遏制中国乃至东南亚地区的沙尘暴肆虐现状，减缓草原荒漠化的速度，恢复贺兰山森林生态和腾格里荒漠草原生态。

“爱心阳光计划”培训活动

2006年12月，阿拉善SEE生态协会与中韩合作“爱心阳光计划”负责人取得联系，初步商定了在阿拉善地区举办培训班事宜。

中韩合作“爱心阳光计划”由中国科学技术协会和韩国东北亚科技协力财团合作，中国科协农函大与中国继续教育联合学院具体实施。该计划以“提高农民素质、促进共同富裕、建设社会主义新农村”为目标，从2001年开始执行，至今已成功完成了第一个五年规划，分布区域广泛，涉及到北京、沈阳、内蒙、云南等20个省市，先后举办培训班30期，共有5000余名各级领导干部接受培训，其中150余人被派往韩国进行短期学习考察，效果良好。时值我国社会主义新农村建设运动展开之际，鉴于韩国与我国在地理、文化上的毗邻与相似，其新村运动对我国社会主义新农村建设有重要的借鉴意义。

阿拉善地方政府对此次培训表示出极大热情，经过多方的协商与筹备，最终确定由阿拉善盟委组织部、阿左旗人民政府主办，旗委组织部、阿拉善SEE生态协会承办了本次培训班。

几位韩国专家在两天的时间内，为大家带来了新颖生动的授课：

郑教宽教授作为韩国新村运动中央研修院前院长，喜爱中国古诗，擅长汉字，用亲身经历介绍了韩国新村运动的核心精神所在，并用亲手写下的汉字提出了自己的“农心”理论——“农者，天下之大本，所以，农心就是务农者之心，就是天心，也就

是民心、爱心”，给学员留下深刻印象；

郑镇奭教授身为韩国农协中央会董事、韩国京畿道农协本部长，详细讲授了韩国农协组织是如何形成、发起的，并对韩国的农业发展起了至关重要的影响；

崔在善博士以一曲韩国歌曲带大家进入他的讲座，用精确的数据和详实的案例介绍了韩国新村运动的最终目标、促成战略及20年间的发展里程；

另两位教授朴完信、崔杜烈则从领导力的角度解读了新村运动：新村运动最初的成功与当时朴正熙总统采取的强大领导作用和地方行政机关领导的大力支持、当地农村领导人强有力的领导作用是分不开的，在今天，一个国家的发展同样也离不开具备现代领导力的国民的支持。

韩重光部长在电视大学的分会场中，以一位老媒体人的角度，向电视大学的老师、学生介绍了韩国先进的传播、媒体技术与理念，赢得了师生们的热烈回应。

本次培训是阿拉善地区首次引入韩国新村建设专家讲座，受到各级领导干部的热烈欢迎。原计划受训人数在150人左右，但通知一经发出，报名参加的人员多达350人。五位专家的讲授为学员们带来了新的思维与冲击，350名学员没有人来回走动、接打手机，而是认真听讲、做笔记、勤思考，并积极提问，将自己的疑问、困惑与专家、学员们共享。培训收到了良好的效果。

生态助学项目

阿拉善SEE生态协会为保障阿拉善地区贫困家庭的学生能够

顺利完成初、高中学业，使更多孩子认识到保护生态的重要性，提高受助学生、家庭及其社区参与保护生态环境的积极性，从而减少人为因素对环境恶化的影响，促进阿拉善盟生态环境的可持续发展。自 2007 年开始，阿拉善 SEE 生态协会与阿拉善盟教体局联合开展“生态助学工程”，对因生态保护活动而导致家庭经济困难的中学生给予资助。

生态助学项目主要是通过当地电台、电视台和报社等新闻媒体，以及学校宣传，符合条件的学生自行申报，各学校进行初审并于每年 10 月底前报盟教体局，随后教体局和阿拉善 SEE 生态协会对拟资助对象材料进行审核，资助符合条件的同学。项目总计投入 45 万元，共扶持因生态恶化而受到影响的中学生 630 人。

项目组成员在给学生们上生态环保教育课

项目组成员组织学生举行生态环保宣传活动

蒙族生产生活方式和生态环境保护项目

以生态人类学的视角来看，阿拉善地区生态环境的恶化与蒙族生产生活方式的变化，破坏了人与自然和谐相处的关系有着重要的关系，而这种变化正是在“核心价值观”丧失的情况下才会出现，是现代化的背景下“核心价值观”的再生产出现断裂。农耕文化、工业文化代替游牧文化成为蒙族牧民们生产、生活的逻辑时，对草原的破坏、生态环境的恶化就不可避免，加之人口的膨胀、个人的消费的提高造成对农牧业的过度索取更起到了推波助澜的作用。在这一现状下，阿拉善 SEE 生态协会开展了“阿拉善地区蒙族生产生活方式和生态环境保护项目”，试图帮助当地蒙族社区重新找到生产生活方式与生态环境的平衡，并逐渐形成新的社会经济环境中的“核心价值观”，使得蒙族生产生活与生态环境的保护有可持续性和稳定性。

该项目综合了各种调查方法的优势对项目所关注的问题，有一个全面、清晰、深刻的认识。在此基础上完成有关生产生活方式与生态环境的调查报告。项目所进行的是传统蒙族的生产生活方式与生态环境保护的研究与摸索，对传统生产生活方式有关生态环境保护的地方性知识加以考察，这对当前环境问题严重的社区有着很有意义的启示。通过挖掘传统文化中的营养来解决当前的生态环境恶化问题，对于其他社区具有很强的借鉴意义。这些有关环保的地方性知识在各个社区内都会有不同程度的积淀，所以该项目研究在不同的社区具有很强的可复制性和可推广性。

绿　驼　铃

绿驼铃，全称“甘肃省绿驼铃环境发展中心”，是甘肃地区第一家民间环保组织，成立于2004年11月4日。

在中国西部，环境恶化成为越来越受关注的问题。全国有一半的生态脆弱县和60%左右的贫困县在西部，西部地区水土流失面积已占全国水土流失总面积的77%，而且草原正严重退化，森林覆盖率大大低于全国平均水平。西部地区每年因生态环境破坏造成的直接经济损失达1500亿元，占当地同期国内生产总值的13%。而“绿驼铃”的宗旨是致力于西部环境保护事业。

绿驼铃标志

“绿驼铃”自成立以来主要开展的工作包括：促进甘肃的环境保护工作、采取行之有效措施解决甘肃环境问题、在中小学生中开展环境保护教育、促进甘肃高校环境类社团发展、出版发行了《绿驼铃通讯》和《甘肃省大学生绿色营文集》等环保交流材料、组织环保志愿者培训和能力建设项目等。为甘肃的生态环境保护、环保宣传教育及本地环保组织的发展起到了

积极的作用。

绘制绿色生活地图

2006年初兰州“绿驼铃”向美国纽约绿地图总部申请获得GREEN MAP SYSTEM（绿地图）在兰州的唯一授权（也是中国大陆的第三家授权单位），开始制作兰州地区第一份绿地图。目的希望带动很多人来画自己的绿色活图，透过画地图进一步的观察、关心、尊重，进而保护所居住的环境。在轻松的过程中，让更多的人了解绿色概念，把爱惜地球的种子洒下去并发芽开花。

知识链接

“绿地图”就是用一套世界通用的图示在地图上清楚地标示出环境中与人们日常生活息息相关的生态与文化景点。它帮助人们发现所熟悉的地方可能被忽略的绿色资源，换一个角度重新认识自己的居住环境，让人们在喧嚣拥挤的都市，选择用一种更健康更环保的方式生活。自从1992年第一份“绿地图”——纽约市绿色生活地图（Green Apple Map）诞生以来，绿地图的概念已经在世界各大洲扎根落户，到目前，世界各地已经成立了400多个“绿地图”小组，公开出版了超过300份“绿地图”。

“绿驼铃”选定了兰州市内黄河沿岸的“水车博览园”、“体育主题公园”、黄河湿地区域作为“试验田”。经过志愿者招集和专业培训，共有来自兰州商学院、兰州大学、兰州工专等校十几名志愿者参与绿地图的绘制活动。经过3个月的努力，2006年6月绿驼铃完成了两张兰州市黄河中立桥附近的绿地图。每张绿地图长约2米、宽1.5米，其中详细标明了中立桥东西两侧的绿地、花园、观鸟点，也有特色建筑，社区活动中心，儿童游乐场，自行车道等。

此后，志愿者和小学生们绘制完成的绿地图分别在西北师范大学和兰州资源环境职业技术学院进行了展览。随后的几年，绿地图活动同样将继续与环境教育相结合，在绿驼铃开展环境教育的过程中组织学生们绘制美丽的校园和家乡。

兰州市动物园宣讲

2006年4月，“绿驼铃”组织兰州各高校志愿者进行了为期半个月的“兰州市动物园大学生志愿者宣讲培训班”。培训班邀请兰州大学生命科学学院张立勋老师，兰州市动物园饲养队张旭队长，甘肃省野生动植物管理局动管科张贵林科长向志愿者分别传授兰州动物园内各种动物的习性和特征，兰州市动物园介绍、特色、趣闻，野生动物保护与管理等方面的知识。理论培训结束后，兰州市动物园张育林和甘肃中国旅行社贺莉经理在动物园内又为志愿者进行动物习性知识、导游讲解基础知识的理论培训和如何在动物园内进行宣讲的实践培训。共有来自兰州9所高校的

51 名志愿者参加了培训，经过实习、考核其中的 26 名大学生志愿者正式成为兰州市动物园义务宣讲员。五一期间，这些兰州市动物园义务宣讲员利用节假日前往动物园向游客进行义务宣讲，受到了游客的一致好评和动物园的欢迎。

在兰州市动物园大学生志愿者宣讲活动的基础上，2006 年 10 月，“绿驼铃”启动了“兰州市动物园青少年宣讲”项目。在为期一个月的宣讲活动中，共有来自兰州市东岗西路的二校的 50 余名青少年志愿者来到动物园向游人宣传保护野生动物知识，劝阻不文明游览行为；来自兰州大学、西北民族大学、甘肃联合大学的 10 多位大学生志愿者辅助青少年志愿者进行宣讲。绿驼铃印制了 8000 张甘肃珍稀野生动物书签，由志愿者向游人宣传、发放。

兰州动物园宣讲项目不仅是绿驼铃组织的一系列面向公众的环保宣传活动，同时也培养和锻炼了志愿者，让他们有机会参与志愿服务活动，并通过他们的服务影响着他们周围的社会、周围的人。受兰州市动物园的邀请，绿驼铃继续多次组织志愿者在“五一”和“十一”期间前往兰州市动物园进行义务宣讲。

为使野生动物保护更深入更有效的开展，绿驼铃与兰州市动物园、动物保护学者、专家等共同制作完成了一本面向少年儿童的科普读物——《兰州市动物园珍稀动物图谱》。书中除了行动指南、动物知识解析、动物园趣闻等关于兰州动物园的介绍之外，也在书中提出了保护动物，保护生物多样性的倡议书，将爱

护动物的环保理念进一步推广。这本书的义卖款项将全部用于支持公益事业，支持绿驼铃开展环境保护活动。

参与5·29兰石化爆炸事件处理

2006年5月29日下午15时32分，兰州石化公司已经停产检修的有机厂苯胺装置废酸单元发生火灾。事故发生后，兰州石化公司及时现场抢救，立即采取了消防水围堰等措施封堵排污口，所幸并未造成水污染。经环保部门监测显示，排污口附近水域水质主要指标均达到国家标准。甘肃省政府办公室30日凌晨通过省政府网站、各通信工具公布了事故处置和水质监测情况，并向沿黄省区作了通报。而另一方面，从事发当天晚上起，兰州及兰州下游城市许多居民收到黄河水质污染的消息，开始蓄水。市民对事件的实际情况并不了解，一定程度上出现了恐慌的局面。

2006年5月30日中午，“绿驼铃”就此事件召开了紧急策划会议。经过讨论，首先将此次事件定义为突发性环境公共危机。结合环境NGO的优势所在，确定了从信息传递、社会调查、公众参与监督等三个层面介入此次事件。绿驼铃同政府权威部门和相关单位联系，收集第一手资料和信息，并在网站、大学校园和社区中进行宣传，让民众了解事实真相，减少谣言带来的恐慌。同时，根据时效性和紧迫性，结合“绿驼铃”的自身能力，进行了资料收集、宣传讲座等行动。

“绿驼铃”通过媒体、网络和文献资料收集了有关事件的

新闻报道、事件评论、相关后续措施、新闻发布会以及相关法规文件、事故现场照片、污染物特性及对环境的影响、突发性水环境灾害定义及举例等资料，并发布在绿驼铃网站和《绿驼铃电子通讯》上。同时，绿驼铃也设计了宣传海报，海报内容包括引言、突发性水环境灾害的对策、兰州水源地背景等资料。由于此事件最终证明并非一起污染事件，群众中的恐慌情绪也很快得到平息，原计划通过展板、海报进行公众宣传部分并未实施。

在此次事件中，“绿驼铃”参与意义大于行动本身。是绿驼铃迈出的非常重要的一步。“绿驼铃”也及时将此事件的全过程和绿驼铃的应对方案同其他组织分享，作为环境 NGO 应付类似环境突发事件时的参考资料。

甘肃水环境项目

在太平洋环境组织资助下，由“绿驼铃”于 2006 年 7 月启动了为期两年的甘肃水环境项目。旨在通过这一项目，提高甘肃黄河沿岸公众对黄河水污染防治与水资源节约利用的意识，并且通过一些实际的行动影响人们的生活观念和生产意识，促进环保型和谐社会在黄河流域全面推广。

在社区和学校建立环境教育基地，传播绿色环保理念，是“绿驼铃”水环境项目的一项内容之一。2007 年，“绿驼铃”对水污染不达标企业进行调查，在农村和城市社区中开展宣传教育，并通过“绿色消费”理念的推动，引导消费者拒绝使用

水污染企业的产品。同时，志愿者也在“绿驼铃”环境教育基地进行关于水的环境教育，以参与式的方法调动了学生参与节水行动的热情。

2008年3月22日，在第16个世界水日当天，由新华网甘肃频道、橡树网、绿驼铃环保组织等共同发起的“沿黄九省区“共饮黄河水·保护母亲河”大型公益活动”在兰州举行。兰州市的400多名志愿者及网友通过拣拾垃圾、检测水质、宣讲污染危害等多种形式加入到保护黄河的行动中来。

由于上游调节蓄水、气温相比往年偏高、上游降水稀少等原因，2007年3月黄河兰州段水位降至全年最低。2007年3月19日，绿驼铃成员对黄河兰州段的排污口进行了考察。观察中绿驼铃发现随着黄河水位的下降，许多潜在水下的排污口露出水面，就是这些排污口成为污染黄河的“隐形杀手”。为了记录情况并方便以后的工作，绿驼铃成员拍摄了这些排污口及垃圾的图片。

保留兰州电车

2006年7月22日《兰州日报》R1版刊登了一篇题为《近日部分公交线路调整》的新闻，内容称兰州市准备于2006年7月26日正式撤销32路电车，并将于10月26日撤销34路电车。对于无轨电车是否环保，一般有两种声音：一部分人认识无轨电车由于其“零排放”等优点，是一种环保型交通工具；但另一些也提出不同的观点，认为无轨电车由于易停电、脱鞭等因素，常

造成交通堵塞，受阻后其他车辆排放出大量废气，电车“环保”功能名不符实，并且兰州公交汽车大多数已更换成天然气，而天然气也属于一种相对清洁的能源。

针对这一情况，“绿驼铃”向一些组织和个人寻求无轨电车环境效益权威科学资料。希望以此事为契机，开展一项绿色交通的项目，引发公众思考，选择更加绿色和环保的出行方式。通过多方资料查证表明电车从生命周期、环境保护、城市可持续发展、旅游业发展、提高公众生活质量等综合效益考虑是优于柴油（天然气）公交车的。

2006年10月，“绿驼铃”同兰州门户网站兰州信息港共同开展了“您对兰州取消部分无轨电车线路的看法”在线调查。调查的结果显示：共有874人次参与了调查，其中66%的调查人群（460人次）明确支持发展电车，仅17%的人表示反对电车。2006年10月12日，绿驼铃志愿者前往兰州公交集团公司递交“关于保留并发展兰州无轨电车的倡议书”以及网友们对是否保留无轨电车的投票结果。兰州公交集团公司答复是否撤消34路无轨电车仍在研究。

2006年10月26日，兰州公交集团公司原定取消34路电车的日子，34路电车仍在正常运行。兰州公交集团公司答复自公布10月26日撤销34路电车的消息以来，收到了许多市民希望保留34路电车的呼声，媒体多次报道，市长热线也多次收到了保留电车的反映，因此暂不取消34路电车。但是由于34路的载客量仍没有增加，效益仍没有提高，兰州公交公司仅公告为暂不取消，

34 路电车未来的命运仍不容乐观。2006 年 12 月，绿驼铃在网络上征集 34 路电车运行线路方案。希望通过优化 34 路电车运行线路，提高载客量，保住并大力发展 34 路电车。方案征集活动得到了兰州、西安、南京等各地朋友的大力支持，提出了许多非常有建设性的方案。

2006 年 12 月 28 日，“绿驼铃”志愿者再次前往兰州公交集团公司递交“关于保留并发展兰州无轨电车的第二封倡议书”。第二封倡议书中详细列出了更多关于无轨环保效益、经济效益的数据和资料，并且根据网友们的意见提出了 34 路电车四套优化方案。兰州公交集团公司答复是否撤消 34 路无轨电车他们也很为难，一方面面临严重亏损，另一方面受到社会各界舆论压力和废弃电车而空置电缆造成的另一种巨大浪费。兰州公交集团公司希望绿驼铃呼吁政府和社会各界都来支持“大公交”建设，引导公众切实树立“公交优先”的观念，以减少私车过快增长对城市交通带来的压力和对环境造成的污染，还兰州市民一片蓝天白云。

2007 年 1 月，“绿驼铃”志愿者前往兰州市建委和兰州市政府分别递交“关于保留并发展兰州无轨电车的第二封倡议书”和“环境净化呼唤电车复兴——绿驼铃环保组织关于保留并发展兰州无轨电车的建议函”。2007 年 1 月 23 日，绿驼铃同兰州市政协委员周迎平共同向兰州市政协十二届一次会议提出“建议保留并发展兰州无轨电车”议案。兰州晚报、兰州晨报、西部商报等多家媒体单位对“保留兰州电车”进行报道。虽然兰州最终于

2008 年 5 月 6 日撤销了全部的无轨电车，但是绿驼铃的倡导保留无轨电车活动，加深了公众对环保的理解，进一步激昂绿色出行理念融入于日常生活之中，对其他城市保留电车也具有借鉴的意义。

这一事件促使“绿驼铃”启动了“绿色出行”项目，旨在提高公众对优良的环境空气质量是健康的保证的关注度，提高改善环境空气质量人人有责的自觉性，提高企业承担环保公共责任的主动性；促进公众和企业参与，促进环境政策法规的完善、促进机动车辆及燃料环保技术性能的提高、促进绿色出行环境的改善。

永嘉环保协会

永嘉环保协会，全称是“永嘉县绿色环保志愿者协会”，该协会是浙江省的一个民间环保团体，成立于2007年6月4号。发起人是陈飞。

“永嘉绿色环保志愿者协会”成立后。陈飞和志愿者们在楠溪江保洁、铲除“牛皮癣”、在各地成立分会、开展北京奥运会倒计时一周年环保活动，还启动了“菜篮子进百村”等活动。协会改变了永嘉县的面貌和永嘉人的环保意识，并在陈飞的家乡珠岸村创建了“中国首个无塑料袋村”。协会前期的努力，对2008年国务院颁布的“限塑令”起到了一定的促进作用。

“节能减排，绿色出行”活动

据国家环保总局数据显示，中国大城市空气污染中，约79%来自机动车尾气排放。因此，“永嘉环保协会”为了提高公众的

环境意识，改变公众的行为选择，让老百姓通过改变日常出行方式来响应国家的节能减排的号召。2008 年 10 月 2 日下午，“永嘉环保协会”与永嘉青年联盟、永嘉县保安公司联合举办了“节能减排、绿色出行”的国庆环保宣传活动。并向人们发出“节能减排、绿色出行”的倡议书。

清理“母亲河”垃圾

碧莲中学是一所位于楠溪江畔的市级绿色学校，多年来在教学和实践活动中渗透绿色理念，并率先在永嘉县中小学建立了“保护母亲河监护站”，对楠溪江水质的变化进行长期监测，并经常组织学生开展“保洁母亲河”活动。为了更好地宣传环保知识，保护楠溪江，碧莲中学向“永嘉环保协会”提出设立分会的申请。经过筹建，于2008 年 11 月 11 日举行成立仪式，组建了一支达 50 人的志愿者队伍，分会成立的当天，“永嘉环保协会”便

永嘉环保协会”与碧莲中学的志愿者为楠溪江畔清理垃圾

与碧莲中学分会50多名志愿者前往楠溪江畔清理垃圾。这是永嘉民间环保组织首次联合校园而开展的环保活动。

创建永嘉县首个志愿者公益林

2009年3月8日，永嘉绿色环保志愿者协会和永嘉青年联盟到永嘉县鹤盛乡炉山村种下了200多株杨梅和400多株枫树，建成了永嘉县首个志愿者公益林。

志愿者公益林园地

志愿者正在公益林植树

志愿者们建造公益林主要是想通过实践活动，倡导更多的人投入到植树造林活动中去，把楠溪江建设的更美丽。

举行“重提菜篮子”环保宣传公益活动

2009年6月1日是“限塑令”实施一周年的日子。为了让环保购物深入人心，这一天，永嘉县绿色环保协会桥头镇分会和桥头镇政府等单位联合举办“重提菜篮子“环保宣传公益活动。并在现场免费向民众发放500个菜篮子、“限塑”宣传资料等，倡导消费者自觉养成环保的消费理念和消费习惯。

重提菜篮子环保宣传公益活动现场

清理“牛皮癣”活动

2009年6月4日，永嘉县绿色志愿者协会组织了30多位志愿者走上街头，义务宣讲环保知识、清理街头“牛皮癣”和公园垃圾。

志愿者们分别来自永嘉县十五中分会、永嘉青年联盟、桥头分会等协会理事单位，年龄最大的将近60岁，最小的还是高一学生，他们在活动中共发放宣传资料、宣传册和环保袋500多份。经过清理后的县城焕然一新。

志愿者们正在街头清理“牛皮癣”

绿色江城

绿色江城，全称是“武汉绿色江城环境文化发展中心”。该组织是由武汉市首届环保大使柯志强以2003年至2008年自费发起的“绿色环保万里行”活动作为背景，于2008年2月正式注册成立。

绿色江城标志

“绿色江城”的组成人员为热心于环境保护事业的个人和单位，是华中武汉地区致力于公众环境教育宣传的民间环保组织。“绿色江城”以开展形式各样的公众环保教育宣传活动，提高公众的环境保护意识和责任感，倡导绿色文明，促进我国环保事业的可持续发展为宗旨立足武汉，促进了我国环保事业的可持续发展。

“绿色环保万里行”活动

在一个偶然的机会，柯志强看到了一组“土地干裂、污水横流”的图片。被污染的土地仿佛在哭泣，那组图片让柯志强的心

灵受到了强烈震撼，于是便萌生了走遍全国宣传环保的计划。柯志强计划用5年时间走遍全国，在2008年到达国家环保总局，将那幅盖满全国各地环保部门印章的中国地图献给国家环保总局，献给2008年北京奥运会！

想法成熟后，柯志强便于2003年9月15日从武汉启程，自费发起了“绿色环保万里行”活动。用了5年时间，走过了全国31个省，途径500多个城镇，行程8万多公里，沿途拍摄了环保图片5000多张。

2004年，柯志强经湖南下广东，横渡琼州海峡踏上了海南岛。

2005年，柯志强翻越太行山，沿着河西走廊茫茫戈壁滩，远抵中巴（巴基斯坦）交界处海拔5000多米的红其拉甫边防，穿越死亡之海塔克拉玛干沙漠，目睹干涸见底的艾丁湖。

2006年，柯志强途经大西北黄土高原，上宁夏横跨内蒙古，冒着沙尘暴远到东北黑龙江。同年8月，翻山越岭经贵州，过云南，冒着生命危险，在无后援的情况下，开着那辆二手老富康车，

柯志强到达长江源头

沿着滇藏线抵达了西藏首府拉萨。翻越了青藏高原海拔5300多米的唐古拉山，来到了可可西里自然保护区，见到了母亲河长江的源头。

2007年，柯志强走过江西、福建，到达上海。

2008年7月，柯志强抵达北京，将一幅盖满全国各地环保部门见证印章的中国地图，以及沿途所收集的相关环境资料献给了国家环保总局，并将一路上“为绿色呐喊，为奥运加油”的中国地图献给了2008年北京奥运会。

2008年7月柯志强到达国家环境保护部

2008年7月柯志强到达北京奥组委

2008年柯志强担任奥运火炬手

“绿色呐喊”走进校园

为了让更多的人支持北京奥运，关注绿色奥运，提高环保意识，柯志强在“绿色环保万里行”沿途中到过100多所学校进行过“绿色呐喊”环境教育图片展出，演讲超过百余场，直接宣传人数达20余万人。沿途的宣传活动在各大、中、院校产生了强

“绿色呐喊”——走进西安工程技术学院

烈的反响，多家报纸、电视台、网络进行了相关报道。此外，在途中他每每见到污染现象，就一定会用相机拍摄下来，并向当地环保部门举报。

“绿色呐喊”——走进广东司法警官职业学院

“废纸回收再利用”项目

为了响应国家“建设资源节约型、环境友好型社会”的号召，倡导绿色文明生活方式，增强公众资源节约的环保意识。“绿色江城”通过推广主题为“资源节约、环境友好，我为环保出份力——废纸回收再利用项目”，号召更多的公众以自己的实际行动积极参与环保。

“绿色江城”在项目实施过程中，对项目合作单位产生的废纸，按照市场价格进行规范化回收，然后分类、打包，让废纸资源得到充分的循环再利用。此项目不仅节约了资源、大大增强了合作单位员工的环保节能意识，又减少了污染排放、保护了环

境，而且有利于城市经济良性循环。

“行走江湖”活动

2009年3月22日，“绿色江城”发起了第一期“行走江湖”活动。活动集结了广大环保志愿者和户外运动爱好者，根据武汉地区的江河湖泊等水资源状况作为考察线路，采取健身、环保、快乐的行走方式来关注江河湖泊的生态环境。让更多的公众了解江河湖泊的形成、作用、功能、现状、发展。

“行走江湖“活动共分10期，目标是在2009年11月份的“世界湖泊大会”召开之前走遍武汉市重要的江河湖泊，东湖、南湖、汤逊湖等重要湖泊。

参加“行走江湖”活动的有医生、大学生、公务员、企业工作者等，最年幼的是8岁小学生，最长者是位70多岁的老人。他们通过徒步考察、清理垃圾的方式，全面了解了湖泊，活动唤起了武汉市民对水资源保护的重视。

志愿者在东湖采集水样

考察活动结事后，“绿色江城”负责人柯志强会将行走湖泊的相关文字、图片以及志愿者沿湖调查的湖泊现状分类整理，并提交给相关部门，以加进大政府对湖泊保护的力度。

香港地球之友

组织简介

香港地球之友，是香港最具影响力的民间环保团体之一，成立于 1983 年。

地球之友标志

该组织成立后，致力于改善香港港及内地的生活质量及环境，鼓励大众市民参与改善环境的工作，他们走访各小区，向居民宣传有关节能、省水、减废的实际方法，每年组织植树、护林和大自然导赏活动，开展循环回收活动。此外，香港地球之友非常重视环保教育工作，培训小组和教育小组常常被邀请到海外或香港各院校、中小学以及各企业作专题讲座。他们还定期进行各类环境问题的调查研究工作，游说各界人士为创造美好环境共同承担责任。香港地球之友通过一系列活动的宣传，不仅提高了广大民众的环保意识、增强了民众对环境和生态问题的关注，而且还保护了香港及邻近地区的环境。

为地球植树

香港地球之友从 1993 年开始推行“为地球植树”计划。这个计划主要是志愿者们在山火洗礼过和土质变坏的地方重新种上树，改善郊野环境，减轻全球变暖现象。这个计划不仅受到小区居民，还受到银行、航空公司、电讯公司、酒店、房地产开发商等企业的欢迎。为了筹募更多的经费，鼓励更多人参与植树活动，香港地球之友成立了“植树基金”。

参与“为地球植树”活动的志愿者

设立“地球奖”

1997 年 9 月 20 日，经多次与国内环保人士的探讨、协商，

香港地球之友终于一位环保人士的全力资助下，在北京召开新闻发布会，宣布与国家环保总局以及中国环境新闻工作者协会合作，共同设立“地球奖”，以表彰那些多年在社会各界为环境保护做出突出贡献的人。截至 2007 年，“地球奖”共奖励了超过 300 位国内环保英雄、模范人物，产生了巨大影响力，并为中国的环保工作作出重要贡献。

知识链接

“地球奖”是一项民间环境保护奖项，主要奖励新闻、教育、社会团体在提高社会公众的环境意识方面做出突出贡献的集体和个人，以弘扬社会环境教育的敬业精神，激励更多的新闻、教育和各界人士投身到社会公众环境教育。

“地球奖”从设立后，便受到社会公众的关注，成为在全国有广泛影响的环保奖项。在中国众多的环保奖项中“地球奖”发起最早，而且始终保持着民间和非商业化特色。它所表彰的不单是个人的行为和成就，更是其无私的奉献、奋斗精神和一份环保社会责任心。香港地球之友坚持“地球奖”要尽量凸现一股民间“草根”色彩。所以不收企业赞助，只接受慈善基金和私人捐助，这样做的出发点是为了保障“地球奖”“清纯的风格和崇高的品味”以及对“得奖者”的尊重。

墨粉盒再生计划

每制造一个新的打印机墨粉盒及墨盒，就要消耗约 0.57 公升的原油作为原料。要是每个墨粉盒或墨盒都是用完一次后就被

丢弃，资源浪费可想而知。为此，香港地球之友推出了墨粉盒再生计划，鼓励市民捐赠公司或家里用过的墨粉盒。所收集的墨粉盒及墨盒又被再生或者循环利用。

从 1999 年开始，香港地球之友已回收及再生了 2 万多个打印机墨粉盒及墨盒，相等于节省了近 10800 公升的原油。

衣物回收计划

香港地球之友自 2001 年起一直推行“衣物回收计划”，在向大众提倡“珍惜资源及减废”的同时，借回收活动达到减轻垃圾填埋区压力的实际效果。

活动期间，香港地球之友成员在各小区收集旧衣物、鞋履、毛巾、提包等。所回收的衣物会经过筛选，然后出口至邻近国家作为二手衣物。

小区旧衣回收箱

“寸草心”行动

随着环保运动的兴起，国内的环保奖项也越来越多，评奖、颁奖、选举也日益频密，甚至有些泛滥了。在这个趋势之下，香港地球之友总干事吴方笑薇女士开始反思“地球奖”未来的发展方向。

2003 年，就在“地球奖”走过了 7 个年头时，香港地球之友却决定退出参与“地球奖”的评选及捐助，因为香港地球之友要走一条不寻常的路。

知识链接

吴方笑薇在她针对香港地球之友退出“地球奖”的敬告中写道：“地球奖每年匆匆评奖、匆匆颁奖、匆匆分道扬镳，没有机会深入地去了解和感染这班环保模范的绿色理念和实践经验。继续评下去，倒不如拜师求教，向这些环保英雄取经，或跟他们结合力量将其实践经验推广传播。”

香港地球之友退出“地球奖”后，为了更好地让“地球奖”获奖者发挥在环保宣传方面的资源优势，倡导“继续贡献”的精神。2000 年 10 月底，香港地球之友发起了“寸草心行动”——组建一个以“寻找地球的故事”为主题的“地球奖”环境教育讲师团，并开始了这次活动的“绿色”长征。这支由内地“地球奖”教育界获奖人士组成的队伍，由吴方笑薇亲自率领，每年出征，义务下乡给边远地区和西部农村老师和孩子进行培训，推动民间环保工作，也为“地球奖”的可持续发展起到了积极的促

进作用。香港地球之友认为，“地球奖”肯定了过去的成绩，颁布属于过去的荣誉，是锦上添花；而“讲师团”则是支持未来的教育，引导需要帮助的人们，是雪中送炭！

知识链接

“寸草心”的意义是，讲师团在绿色征途中，以谦卑的行动，像草般扎根，关注平常之中不平常的事态，承担平淡之中不平淡的工作，坚持平凡之中不平凡的使命！秉持着这种信念，至今讲师团已走过全国大大小小的省市，为老师、学生、妇女、儿童、政府官员企业和环保干部、新闻记者、旅游业人士、志愿者和环保社团以及农牧民等都送上寸草之心。

社区环保宣传

“寸草心”地球奖环境教育讲师团（以下简称讲师团）侧重选择大陆中西部地区，特别是比较落后的边远省份和农村地区作为培训地点。而为了达到最佳的培训效果，每次培训活动的开展都通过“地球奖”获奖者的桥梁作用，尽量争取到当地教育系

统、环保部门、非政府组织和一些环保志愿者的支持与协助。为了减轻学员的经济负担，培训讲义均由香港地球之友统一修订编辑后，免费提供给学员。此外，香港地球之友还购买了一些相关书籍、杂志赠送给那些缺少有效资源的中小学校、妇女团体、非政府组织和大学生等，以供他们开展环境教育使用。尽管讲师团成员拥有环保教育专业优势，个个都是精兵强将，但他们却不收取讲课费及其它任何报酬，而是将自己的特长无私地奉献给基层单位，让所需人员分享理论与实践的成果。

讲师团走进校园

讲师团在全国各地针对不同的对象以多种形式开展培训。讲师团老师们用“铝罐子的一生”、“汉堡包的故事”、“环境审计”、“生命周期分析”和“求签筒”等道具，给学员们留下了深刻影响，加深了他们对环保重要性的认识。更重要的是，这使学员们从中体会到了环保课并非就是“照本宣科”，并非都是

"大道理"，它更是人们生活中的点滴小事，是人们的"举手之劳"。

讲师团的教学有别于传统单向的方式，以新颖别致的教学方式，让学员们真正在沟通中体会到了环境与生活的密切关系。其实教学远不仅仅限于课堂，有时课外的沟通也很重要。例如年过半百、身为讲师团主帅的吴方笑薇老师甚至会在课前开心地和幼儿园的孩子们一起打雪仗。这种看似游戏的前奏，加深了双方的感情、消除了隔阂，从而使得大家担心的一堂幼儿及妈妈的培训课取得满意的效果。

生动活泼的幼儿培训课

讲师团的成员都是地球奖中教育奖获得者，他们在环保教育上颇有建树，各有特色。郭耕，著名环保专家，北京南海子麋鹿苑博物馆，北京生物多样性保护研究中心副主任。这位多年从事自然保护教育的科普工作者对动物有着天然的情感。他说，"任

何事，唯有打动心灵才是实现最终目的的方法”。他的讲座令学员大饱眼福，他的“煽情”使学员们认识到动物物种所面临的危机。郭耕讲课气氛十分轻松，学员们在课堂上也时常能听到他学鸟叫。还有姚亚萍、盛晶晶、毛小梅、徐大鹏等老师，他们多年从事课堂教学，则着重向学员们介绍了有关环境教育的基本概念，传授了一些行之有效的教学方法。

讲师团编写的“环保拍手歌”

“寸草心”的目标旨在增强全民的环境保护公众参与意识，全面推动环境保护宣传教育工作的广泛展开充分运用环境教育专家的“知识财富”和“人力资本”以及他们的成功案例，将他们的经验转移，为内地培训环境教育骨干，不断推广可持续发展的教育理念。“寸草心”是为环保知音搭建的信息平台，以独特的风格和手段，示范国际上如何开展环境教育教学活动，催化学员教学的思维从而影响更多关心环境保护的人士，起到承上启下的作用，使学员们做到自创、自立、自强。

“寸草心”已经取得的成就是：2000 年至今，每年邀请得奖者当义务讲师付出时间、精神和体力下乡、下县、进村，夜以继日培训和交流，讲师团走过贵州、江西、湖北天津、北京、河南、广西、山西、黑龙江、陕西、上海浙江、湖南、辽宁、西藏和云南等省市，行程 33.066 公里，把绿色信息传播辐射 94 万人同时也送上一片关怀和绿色希望。

光盘回收计划

香港使用计算机的比率占全球第八位，超过六成家庭拥有计算机。当全球关注“计算机垃圾”问题时，却往往忽视光盘的潜在影响。

全球光盘的数量正在大幅增长，仅香港就有 2 亿只以上。但制造光盘的主要成分为聚碳酸酯（属塑料材料第七类）与塑料袋、发泡胶饭盒一样，均为不可降解的物料，弃置后要经过很多年才能分解，因此处理不当会对环境造成严重污染。

但是，光盘并非垃圾，相反可循环再造成有用的塑料，可广泛使用于电器产品等日常用品上。因此，香港地球之友在 2004 年推出香港首期大型的光盘回收计划，借此唤醒市民对光盘这种新兴“电子垃圾”的关注，以减少对环境的污染。

向日葵行动——农村生态能源建设

“向日葵行动”是吴方笑薇、香港著名影星钟楚红和陕西环保志愿者王明英共同推广的“农村生态能源示范”项目。

项目成立后，于 2009 年，“向日葵行动”开展了主题为“节

能减排，我们牵手同行”的活动，主要通过组织大学生环保社团志愿者与沼气生态家园项目村村民、儿童，开展互动交流系列活动进一步促进城乡资源整合，推动更多的社区、家庭实施节能减排。

2009 年 3 月上旬，协会与高校环协组织联合在西安建科大社区，举办“节能减排公民社会责任——向日葵行动我参与”活动。向社区居民介绍了向日葵沼气生态家园项目，动员居民关注参与，从自家做起，实施节能减排。

2009 年 3 月 12 日，香港地球之友组织中小学校、环协组织、NGO 组织等 500 多人赴周至县林场，用变卖废品的钱捐款购买树苗，植树造林。

“汶川地震”造成陕西省凤翔县田庄镇新增务村部分住房损毁，村小学教室和村委会亦受损严重。2009 年“向日葵行动”走进新增务村，将资助该村建设 100 户沼气生态家园示范户，发展无公害苹果产业，帮助村民增收，减轻灾害损失。

2009 年 4 月 22 日——世界地球日，香港地球之友组织大学生环保社团志愿者赴蓝田县张村小学，通过展板、宣传画、环保小游戏，介绍建造沼气前后的家庭变化，进一步增强家长和孩子对环保的责任，共同参与，共同分享，努力推动项目的持续发展。

2009 年 5 月 1 日 ~3 日，在“向日葵行动”项目的资助下，西安工程大学绿色方舟环保协会，成功参加了在曲江国际会展中心举办的陕西省大学生社团成果展，共展出各类环保作品近 60 件。这次展览会共有全省 50 多所大中专院校社团参加。展览会

主要展示大学生的创新、环保理念成果，其中环保类作品是这次展览会的亮点。

2009 年 7 ~8 月份，香港地球之友利用暑假假期，组织大学生生态家园陕北行采风小组，赴延安的沼气生态家园项目村实地走访，倾听妇女、老人和孩子的心声，了解在发展生态能源前后家庭生活及价值观念发生的变化，收集典型户人物资料，编写“来自黄土高坡的故事”。

附录：中国民间环保组织发展历程简述

上世纪90年代初，我国的民间环保组织处于低潮，民间的环保力量，大多是由一位或几位精英人士所带动的志愿者组成。但由于当时我国民间环保组织刚刚起步，没有可以借鉴的经验，一切只能靠摸索，导致这些组织在机构管理、项目实施等方面缺乏经验。初期的民间环保组织力量薄弱，但他们的兴起仍对中国民众绿色意识的觉醒，以及日后民间组织的发展都产生了重大影响，同时也起到了奠基作用。

1993年，“自然之友”的几位发起人就“环境问题”在北京西郊的玲珑公园开展了“玲珑公园会议”，这是中国历史上首次自发的民间环境研讨会。1994年3月31日，“自然之友”成立了，这标志着中国第一个在国家民政部注册成立的民间环保组织诞生。

1996年夏天，第一届大学生绿色营为保护滇金丝猴在唐锡阳、沈孝辉的带领下，远赴云南，进行了一个多月的调查研究，并将调查后的结果反馈给政府，引起了社会的强烈反响。最后，经过多方面的努力，200只滇金丝猴得以挽救。因此，“绿色营”从1996年开始一届一届延续了下来，每年都会组织志愿者对选定的地方进行实地考察。近几年，从“绿色营”走出来的一批又

一批年轻人，有很多人至今仍在环保领域担任着重要工作，致力于我国的环境事业。“绿色营”因此被誉为中国“绿色人才的西点军校”。此外，唐锡阳和妻子马霞（Marcia B. Marks），共同出版的《环球绿色行》，已经卷入到中国的绿色浪潮，成为激发群众绿色觉醒、催化群众环保行动的一种精神力量，这本书是中国环保读物的开山之作，给无数在物欲中挣扎的灵魂注入了理想、注入了追求、注入了激情！同时它也是中国民间环保史上浓墨重彩的一笔。

1996 年 5 月，杨欣在“自然之友”创始人梁从诫的帮助下，组织专家、记者赴长江源进行生态考察，并且通过考察，第一次在中国全面报道了长江源的生态环境问题，并为中国民间第一个生态环境保护站——索南达杰自然保护站选址、奠基。1997 年，杨欣为了筹集建站资金，义卖了《长江魂》一书。最后，终于在社会各届的帮助下，于 1997 年 9 月 10 日，索南达杰自然保护站建成了。索南达杰自然保护站在可可西里地区的建立，标志着中国民间长江源保护运动的真正开始。此后，杨欣通过一系列活动的开展，推动了可可西里乃至整个长江源生态环境保护的进程，使可可西里藏羚羊的保护和长江源的生态环境保护得到政府和社会公众的关注。

1999 ~ 2001 年，“自然之友”、“绿色江河”、“地球之友”、“绿家园志愿者”、“绿色北京”等多家民间环保组织和媒体在全国范围内掀起了“拯救藏羚羊”的热潮，大批志愿者奔赴可可西里参与了“拯救藏羚羊”的行动。“拯救藏羚羊”行动对日后的中国民间力量的发展壮大有着不可忽视的作用。

21 世纪以来，随着中国互联网的迅猛发展，网民力量飞速壮大。环保组织开始通过虚拟社区、留言板的形式发起活动。与此同时，各种民间环保组织和环保网站如雨后春笋一般涌现出来。

此时，民间环保组织也进入了“回暖”阶段，各个组织在功能上也开始逐渐专业化，组织内部的目标也逐渐清晰。他们根据自身的优势、特长，分别关注不同的环境领域。并对他们所关注的领域开展具体保护工作。比如，“自然之友”的环境教育；“绿色营”的每年实地考察；“北京地球村”的绿色社区建设；“绿家园”的河流保护；“绿眼睛”的野生动物保护；“绿色江河”的长江源保护；“绿色汉江”、“绿色江城”和“永嘉环保协会”对当地生态环境的保护；“三江源协会”的牧区保护与社区发展；“瀚海沙”的荒漠化改善和环境培训；“阿拉善 SEE”的荒漠化治理和当地社区发展等等。他们都在通过专业而持续的投入，实现环保目标。

2003 年开始至今，我国民间环保组织进入了成熟的阶段，各组织已由初期的单独行动，进入了相互合作的时代。如，2003 年的“怒江保卫战”和 2005 年的“26 度空调”行动，让多家民间环保组织开始联合起来，为实现环境与经济发展目标一致而行动。民间环保组织的活动领域也从早期的环境宣传及特定物种保护等，逐步发展到组织公众参与环保、为国家环保事业建言献策、开展社会监督、维护公众环境权益、推动可持续发展等诸多领域。

随着民间环保组织的不断发展，他们面临的困难和尴尬也接踵而至。首先，资金紧张是最大的问题。由于缺乏完善的税制，

民间环保组织在国内筹资非常困难。这些组织资金最普遍的来源是会费，其次是组织成员和企业捐赠、政府及主管单位拨款。很多组织一直没有固定的经费来源，学生环保社团的经费来源更困难。

其次，是注册的问题。一些民间组织是正规性的，已经进行了注册登记或拥有其合法身份，还有一些则是民间性，不拥有任何行政权力。部分环保组织不得不以企业身份在工商部门注册。由于是企业身份，这些组织会经常遇到当地的工商局人员上门收税的情况。如此现状，让众多组织哭笑不得。

覆盖面小是第三个问题。我国民间环保组织主要分布在北京、天津、上海及东部沿海地区；其次是湖北、云南等生态资源丰富地区；其他地区的环保民间组织相对较少。这造成了受

我国民间环保组织的不断崛起，对环境保护和可持续发展都起着重大的作用。在未来，民间环保组织将在我国环境保护历程中，仍然会发挥着积极作用，也会成为推动我国环保事业发展的不可或缺的重要力量。